国家重点图书

专家为您答疑丛书

青虾健康养殖百问百答

龚培培　宋长太　主编

中国农业出版社

内容提要

本书为青虾养殖技术的科普性实用读本。全书共分五部分，以问答形式从概述、基础生物学、苗种繁育、健康养殖、病害防治等方面，较为系统地介绍了青虾养殖各个阶段的操作要求和关键技术。内容丰富，语言简洁，通俗易懂，实用性、可操作性强。可供具有高中或一定文化水平的青虾养殖户阅读，水产技术人员和管理人员参考。

本书编写者

主　编　龚培培　宋长太

编著者　邹宏海　雍　杰

　　　　邹　勇　徐盘英

前言

青虾肉质细嫩，味道鲜美，营养丰富，是我国传统的美食佳肴，深受广大消费者的喜爱。改革开放以来，随着人们生活水平的不断提高，市场对青虾的需求量日益增长。传统的靠天然捕捞的方式已远不能满足市场需求，从20世纪90年代开始，积极研究推广青虾人工繁殖技术，大力发展青虾人工养殖。经过广大科技人员和从业者的不懈努力，青虾养殖业得到了蓬勃发展，对青虾养殖生物学有了更全面的了解，养殖技术日趋成熟，养殖模式日趋完善，养殖规模不断扩大，单位产量不断提升。青虾养殖技术由江浙地区，快速推广到安徽、广东、福建、河南、山东、湖北、湖南和江西等省，青虾已成为我国主要的淡水养殖品种，渔业产业结构调整的名优品种。为进一步推广普及青虾养殖的新技术、新模式，我们组织了在青虾养殖方面具有丰富实践经验和较强理论基础的科技人员，编写了本书。

全书共分五部分，主要内容包括概述、基础生物学、苗种繁育、健康养殖和病害防治等。本书以问答形式编写，力求语言简洁明了，实用性、可操作性强。为方便读者查询，将青虾健康养殖相关的标准规范选编为附录，供参考使用。

江苏省海洋与渔业局信息中心张正农、兴化市渔业技术指导站等单位和个人，为本书提供了部分图片，在此深表感谢。

本书为科普实用型读本，可供具有高中或一定文化水平的青虾养殖户阅读使用，供水产技术人员和管理人员参考。由于作者水平限制，时间仓促，不足和错误之处难免，望同行专家和广大读者批评指正。

编著者

目录

一、概 述

1. 我国青虾养殖现状如何?

20 世纪 50 年代末至 60 年代初，我国的商品青虾主要靠采捕自然资源，产量低而不稳，随着人民生活水平的不断提高，天然水域的青虾产量已不能满足市场的需求。对此，江苏、浙江便着手进行青虾生物学研究。60 年代中期，青虾养殖开始起步；70 年代末至 80 年代初，科研人员利用青虾抱卵虾进行人工育苗及养殖试验，由于青虾养殖技术水平较低，池塘养殖青虾产量不高，规格不大，效益较低；80 年代末至 90 年代，超强度的捕捞和水质污染，使得天然青虾资源量急剧减少，成虾价格大幅上涨，经济价值越来越高，青虾开始作为名、特、优品种和调整养殖结构的重点，其养殖进入了快速发展阶段，商品青虾已由原来依靠天然捕捞转向了人工育苗和人工养殖。截至 2009 年，全国青虾养殖产量 209 401 吨，特别在华东地区的江、浙一带发展最快，广东、福建、河南、山东、湖北、湖南、江西等省紧跟其后。以江苏省为例，经过十几年的不断摸索，池塘青虾养殖规模已由 20 世纪 90 年代初的 1.5 万亩*发展到现在的 150 万亩左右，养殖产量可达 12 930 吨，尤以 2000—2004 年养殖规模发展最快，年突破 200 万亩。在养殖结构上，由原来池塘常规鱼和青虾混养，发展到青虾与河蟹混养、青虾与名特鱼类混养、青虾与

---

* 亩为非法定计量单位，1 亩=1/15 公顷。

鱼种套养、青虾罗氏沼虾或南美白对虾轮养（套养）和池塘青虾双季主养等多种模式。在养殖产量上，池塘主养单产已由原来70千克左右提高到100千克以上。在饲料品种的选择上，更加注重考虑青虾的营养需求和饲料的品质，池塘主养青虾大部分推广使用以全价颗粒饲料为主的饲料。在养殖方式上，更加注重环境与养殖的协调统一，产品质量与养殖技术应用的协调统一，积极推行生态健康养殖技术，形成养殖环境、产品质量和经济效益的有机结合。青虾已成为水产养殖业发展的主导品种，更是渔业增效、渔民增收的重要途径之一。

2. 开展青虾养殖具有哪些优势？

(1) 营养丰富 青虾除了具肉质细嫩、味道鲜美优势外，其营养也很丰富。据分析，每100克鲜虾肉中，含蛋白质16.4克，脂肪1.3克，碳水化合物0.1克，灰分1.2克，钙99毫克，磷205毫克，铁1.3毫克，还含有人体不可缺少的多种维生素。

(2) 养殖方式灵活 可以单养，也可以与河蟹、南美白对虾、罗氏沼虾以及部分鱼类混（套、轮）养。单养一般一年两季，即春、秋两季养殖；混（套、轮）养包括河蟹塘套养青虾、南美白对虾套养青虾、青虾与罗氏沼虾轮养、鱼种池套养青虾和成鱼池套养青虾等多种方式。

(3) 适应力强 青虾对环境的适应性较广，且具耐低温特性，使之能够在全国各地自然越冬，可以四季上市，有效地避免了越冬前集中上市造成的价格恶性竞争。同时，青虾具有较强的耐盐性，可在有一定盐度的水域中养殖。

(4) 生长快 一般春季2～3月放养，5月即可达到商品规格供应市场，至6月底出池结束。秋季养殖，一般在7月中旬至8月上旬放养，经3个月左右饲养，即可捕大留小，开始上市，直至翌年春节销售完毕。

（5）发病率低　虽然因为品种退化和不合理的养殖模式等造成了青虾病害发生率的上升，尤其是细菌性和寄生虫疾病对青虾的养殖有一定的影响，但仍然是集约化养殖品种中疾病危害较轻的种类之一。由于病害少，药物使用量低，有利于保护养殖环境，提高青虾品质。

（6）投入低　青虾养殖成本低，投资少，风险小。养殖所需的资金投入量，仅占罗氏沼虾或河蟹养殖的1/3左右。如在与河蟹、南美白对虾等品种套养时，青虾可以充分利用剩余残饵作为其饵料，基本不增加养殖成本，但可以每亩增加收入数百元。池塘主养青虾，春季养成的青虾基本可以把全年生产成本收回，秋季养殖的产值全部为利润。

（7）价格稳定　由于青虾养殖产量不高，而市场需求始终保持旺盛，所以虽然青虾人工养殖规模不断扩大，但商品青虾价格一直保持在一个比较稳定的波动价格范围，很少大幅回落，在节假日等市场供应紧张时节，价格还会向上波动。

3. 为什么要实施青虾生态健康养殖技术？

随着青虾养殖的推广普及，一些养殖户在养殖过程中忽视了健康科学的养殖技术，导致青虾养殖比较效益下降，直接影响到青虾养殖产业的健康可持续发展。主要存在问题包括：

（1）青虾种质　随着青虾养殖规模的发展和单产水平的提高，往往忽视了种质的保护和良种的选育，存塘青虾年复一年地作为亲本繁育子代，出现了种质退化现象，生长优势不明显，性早熟，上市规格偏小，商品率低。

（2）饲料质量　目前，池塘主养青虾使用颗粒饲料已基本形成，但对饲料的质量不够重视，生产者往往选择价格便宜且蛋白质含量相对较低的饲料用于养殖青虾，由于饲料营养跟不上青虾生长需求，加之忽视了青虾饲料的多样性，在一定程度上影响了青虾的生长。饲料投喂量增加了，饵料系数提高了，大量残饵沉积池底，造成池塘环境污染，极易引发虾病。

（3）养殖技术 青虾的养殖模式虽然不少，但综合配套技术不到位，先进的青虾养殖技术普及率不够，技术创新和系统研究不够，真正实现池塘青虾养殖高产、优质、高效还存在一定距离。

所以，必须推广实施以良种、生态、营养为核心的生态健康养殖技术，加以规范养殖与管理，尽快提高单产水平、规格质量和养殖经济效益，促进青虾养殖产业的健康可持续发展。

4. 如何提高青虾养殖的经济效益?

提高青虾养殖的经济效益，既要从技术层面加以改进，也要从经营管理方面去拓展。

（1）技术方面 ①要不断开展技术创新、应用先进的养殖技术模式，提高单位产量，提高产品规格；如采取分批捕捞的方式提高青虾出塘产量，采用微孔增氧、微生态制剂等水质调控技术改善青虾生长环境。②通过生态健康养殖，开展全程质量监控，生产出高品质的无公害产品，提高产品质量，提升市场定位。③使用种质优良的青虾，良好的种源是取得好收成的基础，可以使用开发的优良品种如“太湖1号”，也可以从天然水域引进种源，避免使用同塘多代自繁自养的成虾作种虾。青虾营底栖生活，单养青虾，养殖水体利用率低，可适当套养其他养殖品种，以提高单位面积养殖效益。

（2）管理方面 实施规模经营和品牌建设是提高青虾养殖附加值的有效途径。以质量管理为核心，提供高质量的青虾产品，树立良好的产品形象，拓展产品市场以期获得更高的利润，提高青虾养殖产业的整体效益。

二、基础生物学

5. 青虾主要分布在哪些地方？

青虾，又名河虾，俗称江虾、湖虾，学名日本沼虾［*Macrobrachium niopponens*（deHaan）］。在动物分类学上隶属于节肢动物门（Arthropod）、甲壳纲（Crustacea）、十足目（Decapoda）、游泳亚目（Natatia）、长臂虾科（Palaemonidae）、沼虾属（*Macrobrachium*）。因其体色青蓝并伴有棕绿色斑纹，故名青虾。青虾主要分布于中国、朝鲜和日本，在我国广泛分布于江河湖泊，尤以太湖、微山湖、龙感湖、白洋淀和鄱阳湖等出产的野生青虾享有盛名。

6. 青虾的外部形态具有何特征？

青虾体形粗短，分头胸部和腹部两部分，头胸部粗大，腹部往后逐渐变细。头胸甲背部前端向前突出形成额角，末端尖锐，上缘平直，具 11～15 个背齿，下缘具 2～4 个腹齿。全身分为 20 个体节，其中头部 5 节，胸部 8 节，腹部 7 节，头胸部分节完全愈合，在外形上已分不清。除腹部最后 1 个体节——尾节外，每个体节都有 1 对附肢（图 1、图 2）。

头部附肢有 5 对，即第 1 触角、第 2 触角、大颚、第 1 小颚和第 2 小颚，分别起到感觉、嚼食、辅助呼吸等作用。

胸部附肢共有 8 对，前 3 对为颚足，是摄食辅助器官；后 5

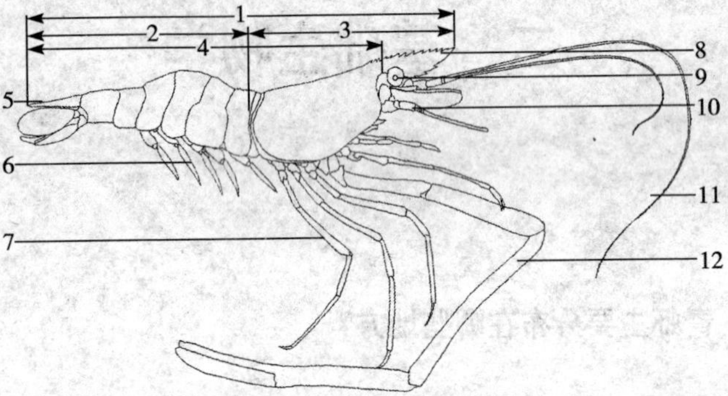

图 1　青虾（♂）的外形示意图

1. 全长　2. 腹部　3. 头胸部　4. 体长　5. 尾节　6. 游泳足
7. 步足　8. 额剑　9. 复眼　10. 第二触角　11. 第一触角　12. 第二步足

图 2　青虾外形

对为步足，为爬行和捕食器官。第 1～2 对步足末端呈钳状的螯，有摄取食物、攻击敌人的功能。其中，第 2 对步足远大于第 1 对步足，雄性成虾的第 2 对步足长度可超过体长的一半以上，而雌虾的第2对步足长一般不超过体长。第3～5对步足呈单爪状，具有行走和攀缘的功能。

腹部附肢（腹足）共6对，具游泳功能，所以也叫游泳足。腹足除具游泳功能外，雌虾的腹足在产卵时还具携带卵子孵化的功能。第6腹节的附肢扁而宽，并向后伸展与尾节组成尾扇，当青虾游泳时，尾扇有平衡、升降身体、决定前进方向的作用；当青虾遇敌时，腹部肌肉收缩，尾扇用力拨水，可使整个身体向后急速弹跳，避开敌害的攻击。

青虾的体色一般呈青蓝色，并常伴有棕黄绿色的斑纹。青虾体色的深浅随栖息水域而变化。水质清澈则体色青蓝，水质较肥则体色相对浅淡，水质混浊则体色深黑，且甲壳上附生有藻类。

7. 青虾的内部结构主要包括哪些系统?

青虾内部结构包括消化、呼吸、循环、神经和生殖系统等。消化系统由消化道和肝胰脏组成，其中消化道呈直管状，由口、食道、胃、中肠、后肠及肛门组成；肝胰脏呈暗橙色，位于头胸部背面。青虾的呼吸器官是位于头胸部两侧的8支叶状鳃，通过第2小颚的颚舟片不断摆动，促使鳃周围的水不停流动，从而完成气体交换。青虾循环系统为开放式系统，由心脏、血管和血窦组成，血液无色透明。青虾的神经系统是由咽头背面的脑神经节、围咽神经环和纵走于腹部的腹神经索组成。青虾为雌雄异体。雌性生殖系统由卵巢、输卵管及雌性生殖孔组成；雄性生殖系统由精巢、输精管、贮精囊、雄性交接器和生殖孔组成；雄虾成熟精巢呈白色半透明，表面多皱褶，其前端分左右两叶，后端不分叶。两侧各有1根曲折迂回的输精管，向外开口于第5对步足基部内侧。雌虾卵巢为椭圆形，位于身体背面，成熟的卵巢由并列而对称的左右两大叶组成，从胃的前方向后一直延伸到腹节。成熟卵巢呈黄绿色或橘黄色，未发育的卵巢为半透明，很小。

8. 青虾生态习性主要有哪些？

青虾的生态习性主要包括栖息、摄食以及生长等方面。

(1) 栖息 青虾广泛生活于淡水湖泊、河流、池塘等沿岸浅水处，喜栖息于软泥底质、水流缓慢、水深1～2米、水生维管束植物比较繁茂的地区。青虾营底栖生活，成虾具明显的避光性，喜昼伏夜出，白天潜伏于草丛、砾石、瓦片空隙或自掘的洞穴中，傍晚日落后出来觅食。栖息地点常有季节性移动现象，春天水温升高，青虾多在沿岸浅水处活动；盛夏水温较高便向深水处移动；冬季则潜伏水底或水草丛中。在无草池塘中，青虾通常栖居在水深不超过1米的浅水区，池中央分布的则很少（表1）。在栽种有水草的池塘中，由于青虾可以附着于水草上，青虾可以全池分布。

表1 无草池塘中青虾的分布

水深（m）	0.2	0.4	0.6	0.8	1.0	1.2
平均出现率（%）	16	28	32	20	4	0

青虾游泳能力较弱，主要活动方式是在池底或水草等附着物上爬行；较少游动，即使游动也仅限短距离。在有敌害侵袭时，青虾通过腹部快速曲张和尾扇拨水，实现弹跳动作，躲避敌害。

青虾具有明显的领域行为，在捕食、栖息和交配时表现得尤为明显。通常，以第2触角为半径形成的空间为青虾的领域空间。常将第1触角张开伸向前、上方，而第2触角伸向两侧，并不停摆动，直到感到安全为止。通常在养虾池中，要人工种植适量的水草或设置人工虾巢，以增加青虾栖息和隐蔽的领域空间。

(2) 摄食 青虾属杂食性动物，幼虾阶段以浮游生物、有机碎屑等为食，到成虾阶段则喜食水生植物的碎片及水草茎叶、有机碎屑、丝状藻类、环节动物和水生昆虫等。总的来说，青虾偏爱动物性饵料。人工养殖的条件下，青虾对各种养鱼的饲料均喜食，如配合饲料、豆饼、米糠、麸皮、菜叶、蚕蛹和螺蚌肉等。青虾用3对颚足和第1、2对步足进行捕食。

青虾摄食强度是受环境温度制约的，有明显的季节变化。青虾在水温升至10℃开始摄食，18℃以上摄食旺盛，当水温降到8℃以下就停止摄食。4～11月是青虾的强烈摄食期，在此期间出现两个摄食高峰，即4～5月和8～10月（图3）。其中，4～5月是越冬后的老龄虾产卵前强烈摄食形成的高峰，这些老龄虾需要摄食大量营养物质以促进性腺发育；8～10月是当年虾育肥阶段形成的摄食高峰；6～7月由于青虾正处繁殖期，在产卵之前青虾是停止摄食的，故是摄食强度的低谷。

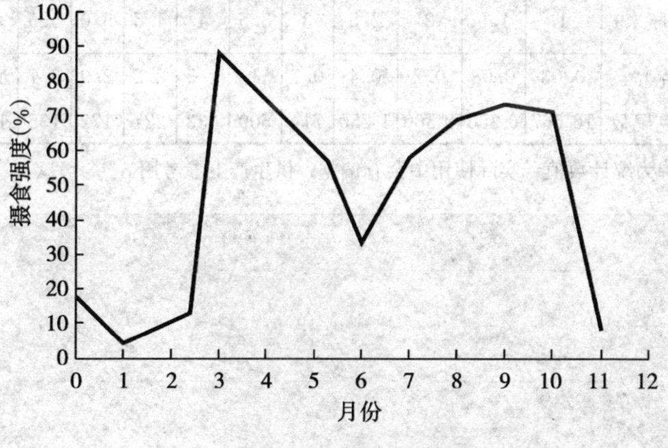

图3 青虾摄食强度年变化曲线

青虾摄食强度除了与季节、水温不同而变化外，还与昼伏夜出的夜行性有关。研究结果显示，夜晚青虾肠胃常处于饱满状态，而白天肠胃很少看见食物，表明青虾主要在夜晚摄食。因此，池塘养虾的投饵应以晚上为主。

(3) 生长 青虾生长很快，一般5、6月孵化的虾苗，半个月左右完成幼体变态。20天左右可达1厘米，经40天左右的生长体长可达3厘米左右，部分个体此时已经性成熟了，所以有“四十五天赶母”之说。10月以后，虾体重可达3～5克。12月雄虾体长可达6～7厘米，体重5～6克；最大个体可达9厘米，重10克以上。池塘养殖的青虾个体生长差异不显著，商品规格比较一致，但最后出塘的虾也有大小不同，产量中70%左右的青虾体长在4～6厘米，30%是3厘米左右的幼虾，这是由于当年性早熟虾产生的秋繁苗。

青虾的体长与体重呈正相关关系（图4），体长、体重大致上有以下对应关系（表2）。小个体青虾体长增长快，大个体虾体重增长快，所以肥满度越到后期越大。

表2　青虾体长、体重对应关系表

体长（厘米）	1	1.5	2	2.5	3	3.5	4	4.5	5.0	5.5	6	6.5
体重（克）	0.03	0.08	0.2	0.4	0.7	1	1.5	2.2	2.9	3.7	4.6	6.5
每500克尾数	16 667	6 250	2 500	1 250	714	500	333	227	172	135	109	77

注：为统计数值，实际使用中会有偏差，供生产上参考用。

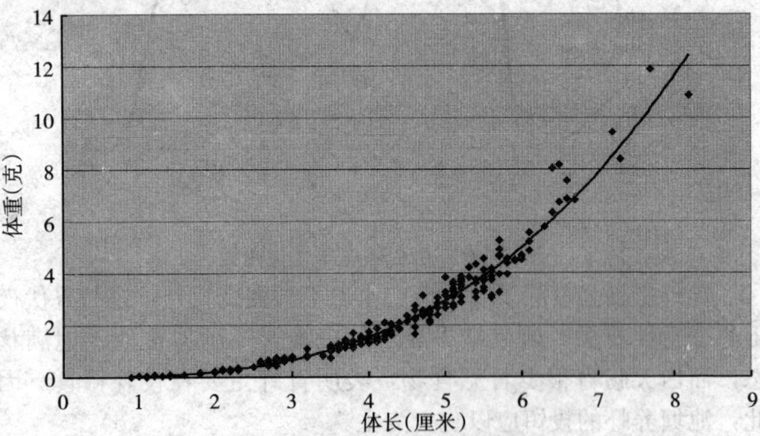

图4　青虾的体长与体重关系

雄虾生长速度快于雌虾。未性成熟时，雌、雄虾生长速度差异不大。但当体长达到3厘米以上，开始性成熟时，雄虾生长速度明显快于雌虾。通常认为，进入性成熟阶段后，雌虾大部分营养用于卵巢发育，所以生长速度趋缓；而雄虾虽然也需要营养用于精巢发育，但需求量远小于卵巢发育所需，故生长仍能保持较快速度。随着性腺的逐步成熟，雌、雄体型差异越见明显，性成熟后雄虾规格明显大于雌虾。

9. 青虾对生长环境有什么要求?

影响青虾生长的环境指标，主要有温度、光照、溶氧、pH、透明度及底质等方面。

(1) 温度 青虾是广温性动物，只要水温不低于0℃，均可正常生活。水温在14℃以上开始摄食，18℃时摄食强度增大。水温在33～35℃时，青虾生长仍较快。青虾产卵的最低水温为18℃，生长的最适水温为25～30℃。青虾对突然降温的适应性很强。试验研究表明，水温从28.5℃以每10分钟降低1℃的速度逐步降温，一直降到4～6℃，然后自然升温继续饲养，并没有发生死亡现象，这就给低温长途运输提供了方便。温度是刺激青虾蜕壳的重要环境因子。在天然水域中，12月至翌年2月的越冬期间，一般不蜕壳；3～4月蜕壳次数相对少一些；5～8月，水温较高，青虾蜕壳次数多，生长快。

(2) 光照 由于青虾成虾具负趋光性，晴天的白天一般多潜伏在阴暗处，夜晚弱光下四外游动，到浅水处觅食。但在生殖季节，青虾白天也出来进行交配。在人工养殖的情况下，白天投饵时，也会出来寻觅食物，但数量比夜间少得多。因此，青虾的投饵主要应放在傍晚进行，以供青虾夜间出来活动时摄食。青虾蜕壳通常也在夜间隐蔽处进行，光照越弱越好，而强光或连续光照延缓青虾蜕壳。所以，在青虾养殖过程中，通常要求池水保持较肥的状态，透明度不能过大。

(3) 溶氧 青虾对溶氧要求较高，极不耐低氧环境，其耗氧率和窒息点均比主要养殖鱼类高（表3）。故鱼池缺氧时，青虾总是最先浮头；当池塘中鱼浮头时，青虾已缺氧窒息死亡。青虾生长的最适溶氧为5毫克/升以上，一般不低于3毫克/升。青虾的呼吸强度取决于水中的含氧量。青虾的耗氧率与青虾的性别、抱卵与否、昼夜和体重等因素密切相关。青虾的雄虾耗氧率比雌虾高，抱卵虾耗氧率比未抱卵虾高，夜间比白天高，个体越大，耗氧率越低。

表3 青虾和几种养殖鱼类耗氧的比较 [毫克/（克·小时）]

名称		第一次		第二次	
		水温（℃）	平均耗氧率	水温（℃）	平均耗氧率
夏花	草鱼	22.5～23.9	0.354	28.6～29.5	0.325
	鲢鱼	28.5～29.6	0.632	28.9～29.9	0.483
	鳙鱼	28.5～29.7	0.412	29.2～32.3	0.596
2龄鱼种	青鱼	26.0～26.6	0.376	26.1～27.0	0.261
	草鱼	27.0	0.238	26.4～26.9	0.172
	鲢鱼	22.3～28.2	0.210	28.2～28.7	0.264
	鳙鱼	26.3～27.9	0.191	28.2～29.0	0.161
青虾	幼虾	27.5～29.0	1.429	26.0	1.799
	抱卵虾	22.5～24.0	0.539		
	雄虾	23.5～24.5	0.634	24.5～27.0	0.708
	雌虾	23.5～25.0	0.485		

(4) pH pH对青虾有直接和间接的影响。pH呈酸性的水，可使青虾血液的pH下降，削弱其载氧能力，造成缺氧症；pH过高的水，则腐蚀鳃组织。过高或过低的pH都会影响青虾的蜕壳与生长，同时也会使水中微生物活动受到抑制，有机物质不易分解，影响饵料生物的吸收利用，造成水质瘠瘦，还会促使致病菌等有害生物滋生而发生虾病。因此，青虾养殖水体的pH，在育苗阶段以7.2～8.0为宜，幼虾和养成阶段以7.5～

8.5 为宜。

(5) 透明度 青虾养殖水体的透明度，在不同阶段要求不一样。育苗和幼体培育期由于要培养生物饵料，水质要求肥一些，透明度掌握在 25～30 厘米为宜。随着青虾规格的增长，青虾的天然饵料结构发生了变化，由以摄食天然生物饵料为主转向以投喂动植物人工饵料为主，这个阶段水中的透明度应以 35～45 厘米为好。

(6) 底质 青虾喜欢栖息于浅水的环境，尤其喜欢栖息于水草丛生、水流平缓、底质为泥底的水体中。经不同底质条件下青虾栖息情况的试验表明：在塑料板区，青虾的平均出现几率仅 5.8%，沙质区为 7.5%，泥底区为 25.8%，而有水草的泥底区平均出现几率达到 60.9%。可见，青虾特别喜欢在水草丛生的泥底环境栖息。

(7) 其他 青虾适应能力较强，能在淡水、低盐度水体和硬度较高的水体中生存；但最适宜在硬度适中，中性或偏碱性的水质中生长。青虾适宜生长的水质要求氨氮<0.2 毫克/升，亚硝酸盐<0.05 毫克/升，亚硝酸盐含量过高会抑制青虾呼吸。青虾养殖用水应符合渔业水质标准，水源未受污染，水质清新。

10. 青虾的繁殖习性有哪些特点？

青虾的繁殖习性主要指产卵期、交配及产卵、抱卵次数及抱卵量、胚胎及幼体发育等方面。

(1) 产卵期 青虾的产卵期各地不尽相同。长江中下游地区，青虾的产卵期为 5 月上旬至 9 月初，极个别的青虾在 4 月中旬已开始产卵，也有少数老龄虾在 9 月中旬产卵，产卵高峰期为 6～7 月；珠江下游地区，青虾的产卵期从 3 月初开始一直延续到 11 月下旬，长达 9 个月；河北省白洋淀，青虾的产卵期为4～

5月；北京地区，青虾在5月中下旬产卵。

各地产卵期存在差异，主要受水温影响。青虾产卵水温在18℃以上，最适产卵水温为25～28℃。青虾的抱卵比率，随着水温的升高而逐步增加。珠江下游地区的青虾，在3月中旬出现抱卵虾，4月下旬达到全年最高峰，抱卵率约达70%。长江中下游地区4月开始出现青虾抱卵群体，6、7月为青虾产卵的高峰期。通常6、7月产卵的亲虾群体，系由越冬后的大龄虾组成的，这一部分雌虾的个体较大，最大个体可达8厘米。而8月抱卵的雌虾，相当一部分是当年虾苗长大性成熟后形成的，规格较小，一般体长3厘米左右。

（2）交配及产卵　青虾是在雌虾临近产卵之前进行交配。雌虾交配前先行蜕壳，交配在软壳的雌虾和硬壳雄虾之间进行，当雌虾刚一蜕壳，雄虾就用步足将雌虾身体翻过来，使腹部向上，随后雄虾用第2对步足钳住雌虾第2对步足，两虾胸腹紧贴或雄虾横曲于雌虾腹部，背部不断向上耸起，雄虾用第1、2对步足将排出的精荚移到雌虾后3对步足基部之间的胸部纳精区，数分钟后，精荚黏附在雌虾胸壁上，交配即完成。

交配后的雌虾在24小时内即可开始产卵，产卵一般多在夜间进行。雌虾产卵时将腹部曲向头胸部，腹足向左右扩展形成保护产卵通道，卵粒从生殖孔中逐个产出。青虾卵为椭圆形，产出的卵成团附着在雌虾具有刚毛的腹足上，通过游泳足的不断摆动，提供充足的氧气条件，促进虾卵的孵化。

（3）抱卵次数及抱卵量　青虾为多次产卵类型，虽然生命周期短，但一生也可产卵2～3次。5、6月繁殖出的第一批虾苗，到7月下旬至8月体长可达2.5厘米以上时即成熟产卵，但适宜产卵的时期只有一个月，所以一般只能产一次卵，极个别小虾能产两次卵。6月下旬以后产的虾苗当年不再抱卵，经过越冬，到翌年5月进入产卵期，可连续产两次卵。当第一次产出的卵孵化期间卵巢又重新发育，到第一次卵孵出幼体时，卵巢即达第二次成熟，接着进行第二次产卵。两次产卵相隔20～25天。大部分老龄虾产过两次卵后卵巢不再发育，也有极少数虾的卵巢能进行第三次发育，但发育不到Ⅲ期即退化吸收。

青虾抱卵量与体长、体重存在一定关系。通常，越冬后体长4～6厘米的雌虾，最大抱卵量为5 000粒，最少为600粒左右，一般在1 000～2 500粒。太湖地区越冬老龄青虾的抱卵数量，一般在1 500～4 000粒。8月产卵的当年性早熟虾体长3厘米左右，最多抱卵数量可达700粒，最低200粒，一般为300～500粒。青虾相对抱卵量通常为每克体重抱卵400～600粒，也有更高或更低者，具体抱卵数量与环境和营养等条件有关。

（4）胚胎及幼体发育 水温24～28℃，受精卵经过20～25天孵化，幼体破膜而出。孵化期间，抱卵颜色会逐渐发生变化。刚产出时，卵呈黄绿色或橘黄色；随着卵黄的吸收，机体的形成，卵变为淡黄色；再变为青灰色并呈透明状；至眼点出现，表明幼体即将出膜。青虾孵化率很高，通常可达90%以上。

刚从卵膜中孵化出的溞状幼体，与成虾形态差异很大，需经9次蜕壳变态后，才成为外形、体色和习性与成虾相似的仔虾。幼体的蜕壳间隔长短，随温度、饵料及环境条件等因素的变化而变化。通常1～3天蜕壳1次，大约经过20天，孵出的幼体即可变态为仔虾。整个幼体发育阶段具趋光性，但畏直射阳光和其他强光。游动时尾部斜向上，头部向下，腹面朝上，呈倒悬状向后游动，有时也作弹跳运动。早期幼体喜群集生活，常密集于水表层，每群成千上万尾幼体在连续的水流中蹿上蹿下。10日龄后群集性逐渐减弱。整个幼体期以动物性饵料为食。天然饵料主要是大型浮游动物，如轮虫、桡足类、枝角类、卤虫幼体和其他小型甲壳类，很小的蠕虫和各种水生无脊椎动物，鱼、虾、蟹、贝的碎屑，鱼卵以及很小的植物性饲料颗粒，特别是那些富含淀粉的谷物、种子等颗粒。幼体用颚足、胸足捕捉食物颗粒，非常细小的颗粒或不喜欢的饵料不捕食。

11. 青虾生长为什么要蜕壳？有何特点？

青虾属甲壳动物，体表覆盖一层半透明的几丁质外骨骼，十分坚硬，起着保护内脏和附着肌肉的支撑作用。甲壳一硬化就不能随着机体的生长而增大，因而青虾生长必须通过蜕壳来完成，其生长就在新壳硬化之前实现，所以蜕壳是青虾生长的重要标志。青虾一生中蜕壳20次左右。一般在其幼体变态阶段1～3天蜕壳1次，经约9次蜕壳后进入幼虾（仔虾）阶段。幼虾阶段每隔7～11天蜕壳1次，成虾阶段15～20天蜕壳1次。刚蜕壳的青虾身体极为柔软，活动力弱，也无抗御敌害的能力，易为同类或其他肉食性动物所残杀吞食，故蜕壳的虾常藏于隐蔽处。进入越冬期的青虾不再蜕壳，并停止生长。

青虾的生长蜕壳，可分为变态蜕壳、生长蜕壳、再生蜕壳和生殖蜕壳四种类型。

（1）变态蜕壳 从溞状幼体到仔虾期间的蜕壳，需经过9次左右蜕壳。此阶段每次蜕壳不仅体长、体重有所增加，而且形态结构也发生较大变化。

（2）生长蜕壳 从幼虾到成虾阶段发生的蜕壳。此阶段蜕壳形态没有变化，但体长、体重明显增加。幼虾阶段生长快，蜕壳间隔短，每隔7～14天蜕1次壳；成虾则需15～20天才蜕1次壳。蜕壳间隔长短与生态环境好坏有密切关系。水温高、饵料丰富、动物性饵料多、水质适宜，虾的生长快，蜕壳频率高；反之，则低。越冬后的青虾蜕壳死亡率高，因为经过长达4～5个月的蛰伏，久未进食，虾体衰弱，外壳坚硬，污物附着，常导致蜕壳不成功而致死亡。

（3）再生蜕壳 青虾附肢受到损伤后，经过蜕壳后断肢能再生。但新生的肢体比原有的肢体小，而且蜕壳前后的体长、体重不会有明显增加。

(4) 生殖蜕壳 性成熟雌虾交配前进行的一次蜕壳。生殖蜕壳只限于雌性，雄性交配前不蜕壳。生殖蜕壳时雌虾的体长和体重也不会有增加，但蜕壳前后出现一些形态变化，主要是腹肢基部出现较长刚毛，供卵子附着用。

青虾蜕壳昼夜皆可进行，但以黄昏和黎明前较多。蜕壳前不进食，蜕壳后，因颚齿尚未坚硬，一天内亦不摄食，待肢体强壮后逐渐恢复摄食。

12. 青虾寿命有多长？对养殖生产有什么影响？

青虾是一种生长快、寿命短的甲壳动物。目前的资料表明，青虾寿命一般为 14～18 个月，雄虾的寿命比雌虾短。经过越冬的青虾，一般在 5、6 月交配抱卵，6～7 月形成产卵高峰，故自 7 月上旬产过卵的虾开始死亡，8 月成批老死。

所以，在青虾养殖过程中应采取分批捕捞的技术措施。从当年 9 月开始，不断起捕达到商品规格的大虾，留下小虾继续养殖。而越冬的老龄虾则应在 6～7 月之前起捕上市，否则这个时节的成虾大多已经历了繁殖环节，会相继老死，从而影响产量，降低经济效益。分批捕捞除了考虑到青虾寿命短的因素外，通过分批捕捞，可以及时稀疏养殖密度，促进青虾生长。实践证明，一次捕捞比分批多次捕捞产量低 40%～50%。

13. 如何降低青虾养殖过程中的自相残杀现象？

青虾虽然为杂食性动物，但喜食动物性饵料。青虾游泳能力较弱，捕食能力也较差，对鱼或有坚硬外壳的贝类均无法捕食，只能捕食活动较缓慢的水生昆虫、环节动物及底栖动物或其尸体，作为动物性饵料的来源。然而，天然水体中这类食物较少，故自相残杀就成了青虾获得动物性饵料的来源之一。自相残杀，主要发生在刚蜕壳的软壳虾以及体弱个体。高密度养殖条件下，为减少青虾的自相残杀，提高成活率和青虾的规格、产量，可从以下三个方面着手：

（1）投喂动物性饵料　在投喂专用颗粒饲料基础上，应增加投喂适量的动物性饵料，如鱼糜、螺蚌肉和下脚料等，来满足青虾对动物性饵料的营养需求。在蜕壳高峰期，更应注重动物性饵料的投喂。

（2）增加隐蔽物　青虾领域行为明显，侵入其他虾领域空间的软壳虾极易遭受残食。通过移栽水草、增设网片、设置虾巢等方式，增加青虾栖息、隐蔽空间，有利于刚蜕壳、活动能力弱的软壳虾躲藏，逃避敌害攻击。

（3）降低透明度　青虾蜕壳通常在夜间隐蔽处进行，光照越弱越好，而强光或连续光照延缓青虾蜕壳。所以，在青虾养殖过程中，池水保持一定肥度，透明度相对偏低，为青虾蜕壳提供一个良好的环境，同时也能降低自相残杀几率。

三、苗种繁育

14. 青虾养殖的虾苗来源有哪些途径?

青虾养殖虾苗来源的传统方式是通过繁殖季节，在江河、湖泊、水库和外荡等自然水域的青虾生长栖息区捕捞获得。但往往受到地理环境、季节和数量等条件限制，远不能适应青虾养殖生产的需要。所以青虾养殖的虾苗来源，主要是通过放养抱卵虾孵育虾苗的方式。

（1）放养抱卵虾繁育虾苗。此种虾苗繁育方式，可通过建立虾苗繁育场、虾苗生产基地等形式，实施规范化、规模化虾苗生产。

（2）在青虾养殖池直接投放抱卵虾繁殖虾苗，多以本塘养殖为主。

（3）将雌、雄亲虾配组后，放入青虾养殖池繁殖虾苗，一般供本塘养殖，也可对其他养殖池调剂供苗。

（4）青虾养殖池循环养殖，采用未捕净的存塘虾自繁自养。此方式无法控制抱卵虾数量和虾苗数量，影响计划生产。而且抱卵虾规格、质量难以掌握，近亲交配。同时虾池未经清整消毒，所以，不宜采取此方式繁殖虾苗用于养殖生产。

15. 如何鉴别青虾的雌、雄?

青虾雌、雄异体，在外形上各有自己的特征（表 4），肉眼鉴别雌、雄青虾较为容易，其主要区别如下：

表4 雌、雄青虾的主要特征

性 别	雄 虾（♂）	雌 虾（♀）
个体规格	个体大	个体小
第2对步足	粗大，长度超过体长1.5倍	细小，长度不超过其体长
第4、5对步足间距	第4～5对步足基部间的距离较狭窄	第4～5对步足基部间距离较宽阔
雄性附肢	第2对腹足内肢内缘有	无
生殖孔	第5对步足基部内侧有一小突起，为输精管开口	开口于第3对步足基部内侧

(1) 个体规格 性腺成熟的同龄青虾中，雄性个体大于雌性个体（图5）。

(2) 第2对步足 性成熟的雄虾第2对步足明显比雌虾强大，通常为体长的1.5倍左右；而雌虾第2对步足比较细小，长度不超过体长。但体长在3.5厘米以下的雌、雄虾，其第2对步足的长度没有什么区别。

图5 雌雄体型及第2对步足对比（左雄、右雌）

(3) 第4、5对步足间距 雌虾第4～5对步足基部间的距离宽阔，呈八字形排列；而雄虾第4～5对步足基部间距离较狭窄。

(4) 雄性附肢 雄虾第2对腹肢内肢的内缘生有一棒状的雄性附肢，而雌虾则没有此附属物。这个性征比较隐蔽，通常难以观察到。

(5) 生殖孔位置 雄虾第 5 对步足的基部内侧有一小突起，为输精管开口；而雌虾生殖孔开口于第 3 对步足的基部内侧。由于生殖孔较小，通常比较难观察（图 6）。

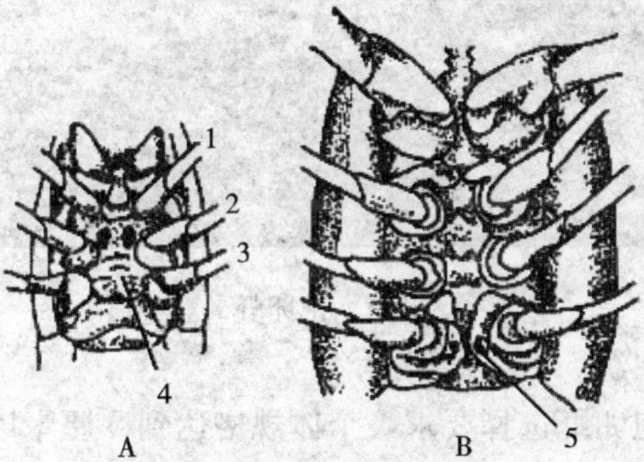

图 6 雌虾精子受纳区及雄虾输精管开口
A. 雌虾 B. 雄虾
1. 第 3 对步足 2. 第 4 对步足
3. 第 5 对步足 4. 精子受纳区 5. 雄虾射精口

生产实践中，通常采用前三项进行鉴别，能通过肉眼迅速判断出来；后两项鉴别指标不直观，肉眼难以观察，生产上通常不采用。以上鉴别指标多适用于青虾性成熟个体。

16. 人工繁殖用亲虾、抱卵虾的选择有什么要求？

性成熟的青虾称之为亲虾。雌、雄虾交配后，雌虾产卵黏附于腹部游泳足之间，此时的雌虾称之为抱卵虾（图 7）。

人工繁殖亲虾、抱卵虾的来源，与繁育的虾苗质量有很大关系。江河、湖泊、水库、外荡等自然水域的亲虾、抱卵虾，由于自然环境的淘汰，具有良好的种质优势，是青虾人工繁殖用亲虾、抱卵虾的首要选择。经人工选育的良种亲虾、抱卵虾，经异地筛选交换的优质雌、雄亲虾和配组后的抱卵虾，都是良好的亲

图 7　抱卵虾

虾、抱卵虾来源。

亲虾、抱卵虾选择要求，个体规格达到 5 厘米以上，规格整齐，体态完好、体质健壮，无病无伤，活力强劲。同塘繁殖用抱卵虾，还要求卵粒发育基本一致。为有利于操作运输，宜选择卵粒发育处于中期的抱卵虾，即抱卵 10～15 天的抱卵虾，卵粒颜色呈淡黄色。刚产出卵粒处于胚胎发育早期，卵粒颜色较深，呈绿色、黄绿色或橘黄色，卵粒间黏结比较牢固，不易脱落；孵化 10 天左右后，卵粒颜色逐渐变淡，呈淡黄色；15 天左右呈灰褐色，逐渐较为透明，眼点明显可见（图 8），卵粒间黏性也随之

图 8　卵粒出现眼点

减弱，卵粒容易脱落。

17. 为什么对养殖池选留的繁殖用亲虾，要进行雌、雄虾异地交换?

由于青虾繁殖力强，无需特殊的繁殖条件即可繁殖虾苗，故虾苗来源方便。通常，青虾养殖池捕捞后的留塘虾，即可繁殖虾苗。所以，养殖池中的抱卵虾也常用来繁殖虾苗，而忽视规格、质量的筛选工作。这种虾苗繁殖方式带有很大的普遍性，从而造成近亲交配、种质退化、青虾早熟、繁殖过量和商品虾小型化等不良现象，对青虾质量和青虾产业发展造成很大影响。所以将养殖虾作为繁殖亲虾、抱卵虾，必须进行规格、质量等方面的筛选，并实施异地雌、雄虾的交换。这对扩大优质亲虾来源，避免近亲交配，种质退化，提高亲虾和虾苗质量具有重要作用。

18. 抱卵虾放养数量与虾苗产量有何关系?

为加强虾苗生产的计划性，就必须了解抱卵虾的抱卵数量、孵化率及变态率，以便确定抱卵虾的放养量。抱卵虾的抱卵数量一般与抱卵虾规格相关，规格越大，抱卵数量也就越多。隔年体长4～6厘米的抱卵虾，一般抱卵数1 000～2 500粒，高的可达到5 000粒，低的尚不到600粒。通常，按每尾抱卵虾1 200～1 500粒计算，孵化率90％左右，幼体变态率35％～50％，则一尾抱卵虾可育苗450～550尾。1千克抱卵虾按300尾计算，则每千克抱卵虾可孵育虾苗13.5万～16.5万尾。当然，出苗率的高低与孵化育苗池水质条件、喂养管理、溶氧、开口饵料、水草设置等均有一定的关系。所以，每亩放养5厘米以上规格的抱卵虾6～8千克，亩产虾苗则按80万～120万只计算。但这仅是一般情况下的计算参数，具体情况还应结合抱卵虾的规格质量、孵化育苗池条件及管理水平而定。

19. 为什么要建立规模化青虾育苗场？

由于青虾生长速度快，养殖周期短，病害少，成本低，效益好，市场旺销，青虾养殖的发展速度很快。仅江苏省青虾养殖面积就达200万亩以上，加上河蟹养殖池套养青虾模式的推广普及，对青虾苗种的需求越来越大，一直处于供不应求的状态，直接影响到青虾养殖生产的发展。为规范繁育技术，提高虾苗质量，满足养殖需求，有利于青虾人工繁殖技术的研究与创新，必须建立区域性、规模化青虾育苗场，建设青虾良种繁育基地，以适应青虾产业快速发展对苗种的需要。

20. 如何运输亲虾、抱卵虾？

主要采用尼龙袋装运和湿法运输三种方法。

(1) 尼龙袋装运 采用70厘米×40厘米规格的双层袋，袋内装水1/4～1/3，每袋装虾500克左右，充氧后扎牢，将袋装入定制的泡沫箱或纸箱，即可起运。

(2) 湿法运输 采用30目的聚乙烯网布与细钢筋为骨架，制作运输箱。规格为50厘米×30厘米×10厘米，每只箱可装虾1千克左右。装运时箱内铺一层新鲜洁净经消毒的水草，将虾均匀放置在水草上。运输温度控制在20℃以下，运输过程中保持虾体湿润，不可出现干燥和干湿不均的现象，结合具体情况，一般10～15分钟喷淋水1次，车上备足途中用水。

(3) 活水车运输 在卡车上安装水箱，水箱用铁板或玻璃钢制作，高1.2米，长1.6米，宽1.2米。车上备有充气增氧装置，箱内设有送气增氧管道。装虾网笼，网笼规格为50厘米×30厘米×15厘米，网笼用细钢筋做骨架，外蒙聚乙烯网布制作而成（图 9）。运输前将水箱内装满水，每只网笼可装虾 3 千克左右，将网笼垒叠扎牢放入水箱，即开启气泵，不停地送气增氧。气泡和水流从底层向上流动，使各层网笼均有足够的溶氧。高温情况下装运可加冰降温，水温控制在 20℃左右。此运输方法运输量大，成活率高，适宜长途运输。

图 9　装虾用网笼

以上运输装虾用水，以洁净的池水（亲虾、抱卵虾原水源）为好。装运工具为空调车。装运时间以夜间或早、晚气温偏低时为好。装运过程中应经常检查虾的情况，发现问题及时处理。运输到达目的地前，即可逐步调控温度，使之基本接近池塘水温，以提高亲虾、抱卵虾下塘成活率，下塘时应认真测算运输成活率，并结合运输情况，估计下塘成活率。

21. 青虾孵化育苗池的结构有什么要求？

孵化育苗池面积以 2～3 亩为宜，埂堤不渗漏，池深 1.5 米以上，滩脚 3～4 米，池底平坦。底部中间开挖一条宽 3 米左右、深 25～35 厘米、向池塘出水口倾斜的集虾沟，虾沟的池塘出水口处扩大为 20～30 米^2 的虾窝，深 40～50 厘米，沟窝的边坡 1∶2.5。孵化育苗池具有独立、进排水分开的进排水系统，以及结构牢固的进、排水涵闸与过滤防逃设施。

22. 如何进行青虾孵化育苗池的清整消毒?

孵化育苗池的清整消毒，是虾苗繁育不可缺少的重要技术环节，也是预防病害的重要技术措施。于抱卵虾放养前 15 天，即可进行孵化育苗池的清整工作，即清除池塘杂草、污物，加固整修塘埂，按标准疏理虾沟、虾窝，挖去过多的淤泥，淤泥层控制在 15 厘米以内，检修进排水路、过滤拦网设施等。池塘清整工作结束后，便可进行药物清塘消毒，主要清塘药物有生石灰、茶籽饼和漂白粉等。

（1）生石灰 生石灰遇水生成强碱性的氢氧化钙，放出大量热量，使池水 pH 急剧上升到 11 以上，因此，可杀灭野杂鱼、敌害生物、虫卵和各种病原体。

生石灰干法清塘消毒，池塘进水 15～20 厘米，每亩用生石灰 80～100 千克。在池底周边挖一些小坑，将生石灰置入坑内，加水溶化成浆液，趁热全池均匀泼洒，包括塘埂。第二天用耙子推拉底泥，使其灰泥混合，以提高消毒效果，改良底质。也可带水清塘，每亩（1 米水深）用生石灰 150～180 千克，可用小船将生石灰加水化成浆液趁热全池均匀泼洒，边加水边泼洒浆液。生石灰清塘消毒一般 7～10 天药性消退，即可进水放养。

（2）茶籽饼 又称茶饼、茶麸。茶籽饼含有一种溶血性皂苷素，对水生动物有毒杀作用。茶籽饼消毒成本低、无残留，能杀死淤泥中的野杂鱼、蛙卵、蝌蚪、蚂蟥和螺蚌等，而对水草没有影响。消毒方法，将新鲜没有霉变的茶籽饼敲成小块，用水浸泡，水温 25℃左右浸泡 24～40 小时，施用时加水搅拌，连水带渣全池均匀泼洒，每亩（1米水深）用量50千克左右，药效期10～15天。

(3) 漂白粉、漂白精、三氯异氰尿酸 这些氯制剂遇水分解，释放出次氯酸，次氯酸立刻释放出初生态氧，具有强烈的杀菌和杀灭敌害生物的作用。

①漂白粉（含有效氯30%左右）：每立方米水体用量20克，每亩（1米水深）用量15千克左右。池塘水深20厘米左右，每亩用量5～8千克。漂白粉易于分解失效，所以用前应测定有效氯，推算实际用量。

②漂白精：为纯次氯酸（含有效氯60%～70%），其清塘消毒用量为漂白粉的1/2。

③三氯异氰尿酸（含氯量85%～90%）：清塘消毒用量为漂白粉的1/3。

以上药物施用时加水溶解后，立即全池均匀泼洒。此类药物药性消失较快，一般清塘后5天即可放养。

所有药物清塘消毒后，放养前均需试水，证实药性消失才可放养。

23. 青虾孵化育苗池水源、水质有什么要求？

孵化育苗池要求水源充足，水质清新、无污染。水质符合《渔业水质标准》和《无公害食品　淡水养殖用水水质》。

24. 青虾孵化育苗池如何施肥？

由于青虾孵化育苗池经过清整清淤、药物消毒，进注新水，初期池水水质较为清瘦。为逐步培肥水质，避免青苔的滋生，以及抱卵虾对肥爽水质的要求，所以需要施放有机肥为基肥。通过施放有机肥，增加池塘的各种营养物质，促进浮游生物的生长繁殖，培育良好的水质。青虾孵化育苗池施放的有机肥，为经腐熟发酵的畜禽粪肥，其有机质丰富，所含营养元素较为全面，肥分高，肥效好，施用后分解缓慢，肥水均匀，肥效持久，对提高池塘肥力有良好作用。每亩用量为200～300千克，新塘可多施一些，老塘可酌情减少。有机肥的施用方法，可根据对水质的要求，采取塘内堆压与加水池周泼洒相结合的方法。可根据水质情况，通过翻动堆压肥释放肥效，必要时可采取腐熟发酵的基肥加水全池泼洒，否则可继续堆压待用。

抱卵虾放养后，在幼体孵出前2～3天，即卵粒可见眼点时，在前期施放有机肥培水的基础上，根据水质情况，可每亩追施腐熟发酵的畜禽粪肥100～150千克，培育天然饵料生物。由于抱卵虾孵苗与育苗同池的特点，通过施放有机肥与追肥相结合的方式，以及堆压与泼洒相配套的方法，和灵活释放肥效的措施，既适应抱卵虾对水质的要求，又保证其虾苗孵出后有充足适口的天然饵料生物，是提高抱卵孵化率和育苗成活率的重要技术措施。

25. 如何放养抱卵虾？

长江中下游地区青虾人工繁殖抱卵虾的放养时间，以5月下旬至6月上旬为宜，每亩放养抱卵虾6～8千克，通常亩产虾苗80万～120万尾。抱卵虾要求规格整齐，卵粒发育基本一致，做到一塘一次放足，以避免出苗时间不一致，虾苗规格不整齐。

抱卵虾可直接放入孵化育苗池，也可放入定制的网箱孵化。网箱规格6～10米^2（5米×1.2米×1.2米，6米×1.5米×1.2米），采用12目的聚乙烯网布缝制而成（图10）。水上部分40厘米，并在箱体上口四周缝制挑网，以防止逃逸。箱体底部离池底40～50厘米，网箱用木桩等固定，并绷置平整。箱内设置水草40%～50%，也可结合吊挂网片，为抱卵虾提供附着隐蔽场所，抱卵虾放养密度为每平方米0.5～1千克。

图 10　网箱暂养孵化育苗

26. 抱卵虾放养后的饲养管理要注意哪些环节?

抱卵虾放养后即可开始喂养，用米糠、麦麸，适当添加鱼糜等动物性饲料，加水拌和成糊状投喂，也可投喂配合颗粒饲料。投喂量为抱卵虾体重的 5%～8%，上午投喂 30%，傍晚投喂 70%。网箱孵化投喂方法，可在箱内设置一只小食台，用木框和密网布制成，并加附沉子吊入水下 30 厘米左右，将饲料投入其中，傍晚一次也可在箱内水草上适量投喂。

孵化期间保持箱体清洁，清除残饵，确保水体交换通畅，溶氧充足，经常查看卵粒发育情况。幼体孵出后即落入池中，进入虾苗培育阶段。孵化结束后，及时将孵化箱撤出育苗池。

对直接放入孵化育苗池的抱卵虾，喂养饲料同网箱。其投喂方式，将饲料投放在池周水深30～40厘米的浅滩上，上午投喂的水层可稍深一点。在池周设置少量水草供抱卵虾栖息，并保持较高的水体溶氧和环境卫生。虾苗孵出后，即可用地笼等捕捞工具将孵化后的雌虾捕捞上市。

27. 如何加强虾苗培育池的水质管理?

虾苗培育期间特别要加强水质管理，在虾苗孵出前2～3天，结合水质情况追施有机腐熟发酵肥，培育天然饵料生物，供幼体对开口饲料的需求，具体施肥方式见24问随着幼体的孵出，开始泼洒投喂豆浆，豆浆也同时起到培肥水质的作用。所以通过泼洒豆浆的多少，也可达到调节水质的作用，这是虾苗培育池水质管理的重要初始环节。并逐步加深池水到1.2～1.5米，通常采取3～5天加水1次，每次3～5厘米灌注新水的方式，保持水质的相对稳定。虾苗培育池推广使用微孔管增氧技术，做到正常开机与灵活开机相结合。保持水体良好的溶氧，溶氧达到5毫克/升以上。由于从水底向上充气增氧，有利于池底有机质的分解，溢散有害物质和有毒气体，改良底质环境。虾苗培育期间通过微生态制剂应用技术，可起到净化水质，改善水体环境，预防病害的生态功能。每10～15天使用1次，做到上午使用，使用微生态制剂期间不得使用消毒杀菌药物。池水透明度控制在30厘米左右，如出现水质偏瘦，可施用有机生物肥调节，以保持“肥、活、爽、嫩”的清新水质。加强夜间和凌晨巡塘，严防水质过肥及天气变化所出现的缺氧。一旦出现缺氧，往往会造成虾苗死亡的严重后果，所以虾苗培育期间需密切注意水质变化，及时调控，保持水质的相对稳定，强化水质技术管理措施。

28. 怎样做好虾苗培育池的喂养管理?

在抱卵虾放养后饲养管理、水质培育的基础上，通过虾苗孵出前追施腐熟发酵有机肥技术措施，一般4～5天浮游生物可达到繁殖数量的高峰期。首先是大量出现原生动物，而且繁殖速度快，很快就达到高峰，其次是轮虫，接着是枝角类，相继桡足类。所以掌握好施肥的时间与数量，及科学的施肥方法，是适时提供虾苗开口生物饵料的重要技术措施，也是提高虾苗成活率的重要技术保证。如果育苗早期水质肥度不够，宜采取增泼豆浆的方法，平稳培肥水质，防止水质肥度出现较大的起落现象，以保证适口饵料生物的喂养需求。

在通过施肥提供虾苗开口饵料的同时，当池中见苗时，即可开始少量泼洒投喂豆浆，每亩每天用黄豆1～1.5千克磨浆，分上午、中午、下午3次全池泼洒；3～5天后，逐步增加到每亩每天用黄豆2～3千克磨浆，分上、下午两次投喂；5～10天后，可逐步减少豆浆量，适当增加鱼糜或鱼粉、蚕蛹粉等动物性饲料，将其绞碎后与糠麸、麦粉等调制成糊状，晚上投喂在池周浅滩上。每天投喂动物性饲料0.5～1千克，糠麸、麦粉等商品料2～3千克，也可增投微颗粒配合饲料，并根据吃食情况适当增减。经过25～30天的培育，虾苗规格达到1.2～1.5厘米即可捕捞出池，放养商品虾。

29. 虾苗培育池的日常管理要注意哪些方面?

日常管理主要包括以下几个方面：

(1) 经常巡塘，检查进、出水口的过滤，拦网设施是否完好，埂堤是否渗漏，进排水路是否通畅，一旦发现问题，立即进行整修。

(2) 认真做好池塘的环境卫生工作，清除苗池敌害生物、埂堤水边杂草。即时打扫食场残饵，保持食场清洁，以及捞除水中杂物、残烂水草等工作。

（3）加强夜间巡塘，观察虾苗吃食、活动情况和水质变化情况，及时开启增氧设施，严防水体缺氧。

（4）控制水草的过度生长，维持稀疏的草带状态。

（5）做好病害防治工作。注意水源水质，特别是进水前要确保水质安全、无污染。

30. 如何进行虾苗捕捞？

虾苗捕捞需注意以下几个方面：

（1）出苗初期池塘虾苗密度大，采取灯光诱集虾苗与三角抄网抄捕（40 目筛绢）相结合的方法捕获虾苗。

（2）利用密网分段、分块围捕，动作要轻快，但需防止虾苗贴网，起网时网衣要绷紧，以免网衣夹苗造成损失，起网出苗均带水操作。

（3）拉网起捕，通过以上方法多次捕捞后，即可降低水位拉网起捕。水泵抽水或放水、排水，均需在水泵、出水口外围设一圈过滤网，面积 3 $米^2$ 左右，防止排水时带出虾苗。拉网注意点同上。拉网出苗前需清除池塘水草、杂物，确保水体清洁。捕出的虾苗需入网箱暂养，清水去污，暂养箱置于水质清新的深水处，箱底离池底 40～50 厘米。操作人员尽量减少走动，防止搅混池水。虾苗入箱后需专人看管，并用手回水增氧，有条件的开启微孔管增氧设施。虾苗暂养密度不宜过大，暂养时间不可过长，应尽早过数下塘或出售。

31. 虾苗的质量有什么要求？

虾苗质量，要求规格整齐，体色透明有光泽，体态饱满洁净无病害。在水中对人为的触及反应快速，出水后弹跳有力。虾苗起捕、暂养和过数等操作过程中，未造成应激和损伤。

32. 虾苗计数方法有哪些?

通常，采用的有杯量法和重量法两种：

(1) 杯量法 用高度、直径 5 厘米左右的塑料杯，在底部打多个漏水孔，再用 40 目的筛绢垫底，即制成计数量杯。计数时将暂养的虾苗捞入集苗小箱，以后将小箱慢慢提起，使虾苗集中于一角，用制作光洁的小虾兜捞苗倒入杯中，再将虾苗倒入带水的小盆中过数，即可计数发苗。

(2) 重量法 即随机取少量虾苗 10～20 克，称重过数，通过 2～3 次即可定量。操作时用小桶装少量水称重，以后放入虾苗称重，确定虾苗重量后过数，确定单位重量的尾数后即可计数发苗。此方法计量速度要轻快，而且每次的虾苗数量要与装运容器所装数量基本一致，否则很不方便，特别是尼龙袋装运更不方便，所以一般情况下不采用重量法计发虾苗。

33. 虾苗如何运输?

虾苗运输，可从以下几个方面着手：

(1) 湿法运输 即利用虾苗箱装运，规格为 50 厘米×30 厘米×10 厘米，用 40 目的网布与细钢筋做骨架制作而成。每箱可装幼虾 0.75～1.5 千克，箱底铺放新鲜消毒过的水草，运输温度保持在 20℃以下，运输途中结合实际情况，每隔 15 分钟左右用喷雾器喷水 1 次，保持虾苗湿润。

(2) 活水车运输 同亲虾、抱卵虾运输。但每网笼装运虾苗的数量为 1.5～2.5 千克。

(3) 尼龙袋运输 用双层尼龙袋，规格 70 厘米×40 厘米，每袋可装运虾苗 3 000～5 000 尾。袋内装水 1/4～1/3，虾苗入袋后，充氧扎牢，装入泡沫箱或纸箱后即可启运。运输时间 8～10 小时，运输成活率可达 85%以上。

以上方法宜在傍晚操作，夜间运输，避免白天高温，太阳直射，运输工具为空调车。

(4) 木桶、塑料桶、帆布篓 短途运输多采用此方式。装运容器放水 1/2，每 25 千克水装虾苗 3 000～5 000 尾。运输途中用手轻轻击水增氧。如用拖拉机、汽车运输，途中颠簸可起到增氧作用，运输时间一般 2 小时以内，宜早、晚气温偏低时装运，避免太阳直射。

(5) 虾苗运输注意事项 ①长途运输，一般采用空调车，便于调控温度。运输到达目的地前，应逐步控温，使之与塘水温度相对一致，虾苗下塘时无需再调温。②虾苗装运前应做好车辆、装运工具的检查，以免出现运输故障，同时做好虾苗装运、下塘的各项衔接准备工作。③虾苗的装运用水，宜用洁净清新的塘水，即虾苗池水。④尼龙袋装运虾苗，下塘时一般都会将袋放入池水中调温。但注意不得在阳光下操作，以防袋内经光照后，反而快速升温而造成虾苗死亡。⑤虾苗下塘时可将虾苗放入准备好的网箱内，箱的一端放苗，另一端压入水下，让虾苗自游入池，以便检查运输成活率，估计下塘成活率。由于虾苗活动能力差，所以在虾苗放养时应多点放养，使其均匀分布。

34. 青虾网箱育苗如何操作?

网箱育苗即在无虾苗繁育池，或池塘数量少的情况下所采取的育苗方式。

(1) 育苗箱设置的池塘要求 鱼种池、成鱼池均可用于网箱繁育虾苗，池塘面积 5 亩以上，水深 2 米左右，水质清新，透明度 35～40 厘米，溶氧保持在 5 毫克/升以上，pH 7～8.5，配有微孔管增氧设施。

（2）网箱设置 每池设置育苗箱一只，规格10米×6米×1.5米，网目100目/厘米^2。网箱上下四角固定在木（竹）桩上，并绷置平整，水上部分30厘米，箱底离池底50厘米。在育苗箱中悬吊两只孵化箱，规格为2.5米×1.5米×1.2米，网目12目/厘米^2。孵化箱和育苗箱中放置1/4的活体水草，一般可采用水花生、水浮莲和水蕹菜等水草品种。

（3）抱卵虾放养 抱卵虾要求同池塘育苗，放养量为每只孵化箱2.5～3千克。

（4）网箱育苗的饲养管理 池塘水质同（1）池塘要求，喂养管理同孵化育苗池。在网箱管理上，需经常检查网箱是否有损坏情况，保持箱体周围环境清洁，经常洗刷网箱，清除着生藻类等附着物，保持水体交换。正常和灵活开启增氧设施，保持溶氧达到5毫克/升以上。发现缺氧，立即开机，并施用化学增氧剂，增加箱内溶氧。幼体孵出后，及时将孵化箱移出育苗箱。虾苗培育的饲料同池塘育苗，其投喂量为池塘育苗的1/4～1/3。水质培育以池塘为主，保持池塘肥、活、爽、嫩的清新水质。由于箱内虾苗密度很大，应密切注意水质的管理和饲料的投喂量，不可出现过量，以免影响箱内水质。虾苗达到规格，应即时出箱。

（5）虾苗捕捞 由于育苗箱内虾苗密度大，所以当虾苗规格达到1.2厘米时就应陆续出箱。使用30～40目的筛绢缝制三角抄网抄捕，最后捞去水草和杂质，提箱出苗。

四、青虾健康养殖

35. 青虾养殖池塘的基本条件有哪些？

青虾为底栖动物，主要在池底及池边的水草丛中栖息活动与觅食，对环境条件要求较高，而池塘是青虾生长育肥的主要场所，池塘生态环境条件的好坏，直接关系到青虾养殖的产量和效益。因而，养虾的池塘必须按照青虾生长对环境条件的要求进行建设和改造。

（1）水源与水质　养虾池塘应选择靠近水源，水量充沛，水质良好，周围没有污染源的地方建池，以集中连片建池为好。水源、水质符合国家规定的养殖用水标准。

（2）面积与形状　养虾池面积大小没有严格要求，一般以4～6亩为宜，便于饲养管理和调控水质，虾池以长方形、东西向为好，长宽比例为2∶1～3∶1，便于采光和拉网操作，以及提高水温，增加溶氧。

（3）池坡与池埂　通常虾池坡比要大一些，一般1∶2.5为宜，池边要设有浅水滩脚，池埂要求坚实牢固，池埂顶宽在1米以上。

（4）池深与池底　虾池的保水深度为1.5米左右，池边浅水区的深度为0.6～0.8米。虾池的底质以壤土为好，池底平坦，并向出水口一侧倾斜，池底的淤泥不宜过多，一般10厘米左右即可。池底中央要开一条3～5米宽、0.4米左右深、坡比1∶2.5～3的集虾沟，用于排水捕虾。整个虾池要求不渗漏，保水性能好。

（5）排灌与交通 采用高灌、低排的格局，建好进、排水渠道。通常，进水口建在池塘上口，位于池的东北部；排水口建在池底的最低处，位于池的西南部。如系集中连片虾池，还要建好排灌站。实施桥、涵、闸、站、房统一规划，配套完善，做到池成、水通、路通、电通，能灌能排，旱涝保收。

（6）虾池内外环境 虾池周围没有高大树木和建筑物，利于通风采光，便于拉网操作，环境安静，清洁卫生。虾池内种植水草，以增加青虾的栖息活动场所，为开展立体养虾创造条件，高产养虾池还要装置增氧设备。

36. 为什么青虾养殖池要推广使用微孔管增氧技术？

由于微孔管增氧从池底向上曝气，有利于改良底质环境，起到均衡增氧的效果，优于叶轮式、水车式增氧机的增氧效果。而且避免了造成虾池水浪、水花过大，水流、水体交换过量的不宜现象，以及叶轮式增氧提水带动底泥影响水质的问题，所以，虾池更适宜微孔管增氧技术。

（1）水体溶氧在青虾养殖中的重要性 据测定，一般幼虾耗氧率为1.429毫克/（克·小时），成虾为0.634毫克/（克·小时）（23.5～24.6℃），抱卵虾为0.539毫克/（克·小时）（22.5～24.0℃），比青鱼、草鱼、鲢、鳙等鱼类高得多，因而在养虾池中往往养殖的鱼类还未缺氧浮头，而青虾已先浮头了。养虾水体溶氧量高低，是水质好坏的一个重要指标。在高溶氧的水体中，青虾摄食旺盛，成活率高，饵料系数低，发病少，生长快；低溶氧致使青虾食欲下降，生长缓慢，抵抗力差，饲料报酬低。溶氧除供青虾呼吸外，还通过对池塘中有机物的氧化分解，促进池水中的物质循环。有毒的生物代谢产物——氨，很快被浮游植物作为营养盐吸收掉，有毒的亚硝酸盐很快被转化成无毒的硝酸盐，不会积累到致毒的程度。相反，在低溶氧或缺氧的情况下，水中的物质循环过程受到破坏，氨的转化陷入停顿，这样一来，氨这种有毒物质就在池水中积累起来，形成有毒的氨氮、亚硝酸盐。甚至，还有可能产生对青虾危害更大的硫化氢。

(2) 微孔曝气增氧的技术原理 高压气泵产生的气流，通过连接的主、支管道，到达位于水体底部的曝气管或圆盘曝气器，产生雾化气泡流，随着微型气泡的上升，逐步释放氧气到水体中，从而达到水体从下而上增氧的目的。微孔曝气增氧设备由罗茨鼓风机（空压机、滑片泵等）、通气总管、支管、接头、软管和曝气管（盘）、支架等组成，是一种新型的立体曝气增氧新技术（图11、图12）。

图11 盘状微孔增氧

(3) 微孔曝气底层增氧的主要优点 虾池推广使用微孔管增氧设施具有诸多优点：①增氧效率高，由于从微孔管内产生的气泡小、密，上浮流速低，与水接触时间长，因而氧的传导效率高；②促进池塘生态良性循环，微孔管道增氧是从池底增氧，因而有效地防止了池底厌氧层的产生，水底微生物的分解物迅速得以转化；③节能，微孔管道增氧设施配置的动力功率仅需传统增氧机的1/3，因而节能效果显著；④减少病害，由于养殖水体环境的改善，因水质问题引起的疾病大大减少；⑤安全，微孔管道增氧主机在岸上工作，因而不易漏电，也没有水车式、叶轮式增

图 12　条状微孔增氧

氧机那样的转盘在水中搅动和带来的噪音，不会对人和青虾等养殖对象产生潜在的危害。

37. 怎样在虾池中安装微孔管增氧设施?

青虾养殖池中安装微孔管底层增氧设施，一般在池塘清整消毒后进行。

(1) 微孔曝气增氧设备　采用 ϕ8～28 微孔曝气增氧装置，能广泛满足各种养殖条件下的增氧需要。在风机的配套选型上，采用低压、大风量风机，转速定在 1 400 转/分，风机和电机采用皮带传动，便于使用和维护。总管采用 PVC 塑料管，支管采用 PVC 塑料或橡胶管，价格低廉，管间接头采用铜接头，防腐防锈，密封性好。

微孔管道增氧系统由主机、主管道等部分组成。主机选择罗茨鼓风机，因为它具有寿命长、送风压力高、送风稳定性和运行可靠性强的特点。罗茨鼓风机国产有 7.5 千瓦、5.5 千瓦、3.7 千瓦、2.2 千瓦等型号。主管道有两种选择，一是镀锌管，二是 PVC 管。由于罗茨鼓风机输出的是高压气流，所以压力很高，多数养殖户采用镀锌管与 PVC 管交替使用，这样既保证了安全又降低了成本。充气管道主要有三种，分别是 PVC 管、铝塑管和微孔管（又称纳米管），其中，以 PVC 管和纳米管为主。

（2）安装使用过程中的常见问题

①主机发热：此问题主要存在于 PVC 管增氧的系统。由于水压及 PVC 管内注满水，两者压力叠加，主机负荷加重，引起主机及输出头部发热，后果是主机烧坏或者主机引出的塑料管发热软化。解决办法：一是提高功率配置；二是主机引出部分采用镀锌管连接，长 5～6 米，以利于散热。

②功率配置不科学：没有将微孔管与 PVC 管的功率进行区分，笼统地将配置设定在 0.25 千瓦/亩，结果不得不中途将气体放掉一部分，浪费严重。一般微孔管的功率配置为 0.25～0.3 千瓦/亩，PVC 管的功率配置为 0.15～0.2 千瓦/亩。

③铺设不规范：主要有充气管随意排列，间隔大小不一，有 8 米及 8 米以上的，也有 4 米左右的；增氧管底部固定随意，生产中出现管子脱离固定桩，浮在水面，降低了使用效率；主管道安装在池塘中间，一旦管子出现问题，更换困难；主管道裸露在阳光下，老化严重等。通过对检测数据的分析，管线处溶氧与两管的中间部位溶氧没有显著的差异，故不论微孔管还是 PVC 管，合理的间隔为 5～6 米。

④PVC 管的出气孔孔径太大，影响增氧效果：一般气孔以 0.6 毫米大小为宜。

38. 怎样做好青虾养殖池的清整消毒工作?

青虾养殖池的清塘消毒是否彻底，直接关系到青虾养殖的成败。在虾苗放养前，必须做好清塘消毒工作。

（1）虾池清整消毒的重要性 池塘是虾鱼生活的场所，池塘条件的好坏直接影响到虾鱼的生长。池塘经过一年、甚至几年的养殖，一些残料剩渣、粪便、污物沉积在池底，大量有机物的腐烂发酵分解，将会增加池塘耗氧，产生氨、甲烷和硫化氢等有毒气体，恶化水质，以及各种有害的寄生虫、病原体、野杂鱼等在池中孳生繁殖，直接影响到青虾的养殖生产。所以，养殖池塘必须进行清整消毒工作。

（2）清淤晒池 在一个养殖周期结束后，用机械或人工清除池底过多的淤泥，并同时修复好埂堤，严防开裂渗漏，清除池中杂物，干塘后将池底曝晒半个月左右，以促进池底有机物的分解，创造一个良好的池塘养殖环境。

（3）药物消毒 常用消毒药物有生石灰、茶籽饼和漂白粉等，以生石灰消毒为好。生石灰化学名称氧化钙，遇水后生成氢氧化钙放出大量热量，短时间内水的 pH 可急剧上升到 11 以上，能迅速杀死虫卵、野杂鱼、青苔和病原体等。使水呈弱碱性，有利于浮游生物的繁殖。能改善水质，释放淤泥中的氮、磷、钾肥，水质易于变肥。生石灰也是一种钙肥，钙是青虾不可缺少的营养元素。

消毒方法有干法和带水消毒两种方法。干法消毒，先将池水基本排干，留有 10～15 厘米的水，在池底周围挖一些小坑，将生石灰倒入坑内加水化成浆液，趁热全池均匀泼洒。每亩生石灰用量 80～100 千克，淤泥较多用量可适当增加，消毒后第二天最好用耙子推拉一下，将表层石灰与底泥混合。带水消毒，多在水源比较紧张或进、排水不便，用池时间较紧的情况下采用。水深

1米，每亩用生石灰150千克左右，用小船把生石灰加水化成浆液，全池均匀泼洒。

生石灰消毒药性消退时间一般为8～10天。在放养虾苗前均需试水，以防药性未过，造成损失。

39. 青虾养殖池为什么要种植水草？怎样种植水草？

俗话说："虾多少，看水草"，虾池中合理栽种、移植设置水草，是青虾养殖的重要技术措施（图13）。

图13　水草移栽

（1）虾池栽种水草的重要作用　由于青虾游泳能力差，喜欢栖息在水草较多的浅水地带。因此，根据青虾的这一生物学特性，主养青虾池塘必须种植一定面积的水草供青虾栖息，以提高水体利用率，增加放养密度，提高单位面积产量和商品虾的品质。

（2）常见水草种类与种植方法　虾池栽种的水草有水花生、

水蕹菜和水葫芦等种类，可因地制宜地加以选择。

①水花生：为多年生挺水植物，又称空心莲子草、喜旱莲子草，因其叶与花生叶相似而得名。水花生茎长可达1.5～2.5米，其基部在水中匐生蔓延，形成纵横交错的水下茎，其水下茎节上的须根能吸取水中营养盐类而生长。根呈白色稍带红色，茎圆形、中空、叶对生、长卵形，一般用茎蔓进行无性繁殖。水花生喜湿耐寒，适应性极强。气温上升至10℃时即可萌芽生长，最适生长温度为22～32℃，5℃以下时水上部分枯萎，但水下茎仍能保留在水下不萎缩。水花生可在水温达到10℃以上时向虾池移植，每亩用草茎25千克左右，用绳扎成带状，用木桩固定在离岸1～1.5米处。一般视池塘的宽窄，每边移植2～3条水花生带，每条带间隔50厘米左右。

②水蕹菜：为旋花科一年生水生植物，又称空心菜，属水陆两生植物。水蕹菜4月初进行陆上播种种植，4月下旬至5月初再移植至虾池中，其移植方法可参照水花生的做法，但株行距可适当缩小。另需注意的是，当水蕹菜生长过密或孳生病虫害时，要及时割去茎叶，让其再生，以免对养殖造成影响。

③水葫芦：为多年生宿根浮水植物，又称凤眼莲、水浮莲，因它浮于水面生长，且在根与叶之间有一葫芦状大气泡而得名。水葫芦茎叶悬垂于水上，蘖枝匍匐于水面。花为多棱喇叭状，花色艳丽美观，叶色翠绿偏深。叶全缘，光滑有质感，须根发达，分蘖繁殖快。在6～7月，将健壮的、株高偏低的种苗进行移栽。水葫芦喜欢在向阳、平静的水面，或潮湿肥沃的边坡生长。在日照时间长、温度高的条件下生长较快，受冰冻后叶茎枯黄。每年4月底至5月初，在上年的老根上发芽，至年底霜冻后休眠。

(3) 水草移植时注意点 从外河（湖泊）中移植进虾池的水草，必须经过严格的消毒处理，以防敌害生物及野杂鱼卵带进虾池。消毒可用漂白粉（精）、生石灰等药物。

40. 青虾养殖施肥应遵循什么原则？如何施用？

对水体中施用肥料，是青虾养殖管理的关键措施。

（1）虾池施肥的基本原则 虾池的水质既要肥又要活，是养虾能否获得高产的关键。肥料主要通过影响水质、浮游生物的生长进而影响青虾的生长。同时，施肥促进了藻类生长，通过浮游植物的光合作用，从而增加水体的溶氧量。虾池施肥的基本原则是“肥两头、清中间”。“肥两头”是指虾苗至幼虾阶段和晚秋时节，通过施肥以满足虾营养需求；“清中间”是指 8～9 月高温阶段，要求水质清爽，防止缺氧。

（2）常用肥料的种类 青虾养殖中常用的肥料，主要分为有机肥料和化学肥料。常用的有机肥多为经充分腐熟发酵的有机畜禽粪肥，有机肥料既可作基肥，也可作追肥。主要使用的化、肥有氮肥（尿素、氨水、硫酸铵），磷肥（过磷酸钙、钙镁磷肥），钙肥（生石灰、消石灰等）。无机肥为速效性肥料，肥分比较单一，可直接为浮游植物所利用，满足池塘生物对营养物质的需求，如施用得当，养殖效果明显。

（3）虾池基肥的施用方法 基肥肥效持久稳定，以腐熟发酵的有机肥为好，每亩用 200～300 千克堆放。定期翻动肥水，培育出大量适口的青虾开口饵料红虫，早期及时地培肥水质，又可以防止青苔、蓝藻大量孳生。

（4）虾池追肥的方法 追肥一般宜使用腐熟的有机肥和化肥，可直接促使浮游植物的繁生，并可避免水中有机质过多，保持一定种群数量的浮游植物，通过光合作用增加溶氧、吸收氨氮，以降低对青虾的危害。施肥的次数和数量，根据池水肥瘦程度、青虾的生长阶段和天气等因素灵活掌握。坚持“勤施、少施”。一般是在 3 月以后，当气温在 15℃以上，选择天气晴朗的日子施肥，其中每天 12：00～14：00 是施肥的适宜时间，梅雨天、阴天和闷热天气都不能施肥。

41. 青虾苗种放养应注意哪些问题？

搞好虾苗、虾种放养，是提高青虾养殖产量和效益的关键，必须掌握以下三个环节。

（1）合理掌握放苗密度　池塘养殖商品虾有春季养殖和秋季养殖等多种模式，其放养时间、放养密度不完全相同。春季养虾，大多在12月下旬进行放养，也可推迟到翌年3月放养，规格3厘米左右的虾种，每亩可放养3万尾左右。而秋季养虾虾苗放养多在7月进行，放养当年育成的虾苗，规格为1.2厘米的虾苗，每亩可放8万～10万尾；规格为1.5厘米的虾苗，每亩放6万～8万尾。要求放养的虾苗、虾种规格整齐，体质健壮，附肢齐全，无病无伤，活力强，以确保放养的成活率。

（2）采用科学放养方法　虾苗、虾种应采取肥水下塘，放苗前1周左右，施肥培养基础饵料，待轮虫形成高峰时再放，使虾苗、虾种下池后即能获取大量的适口天然饵料。虾苗、虾种放养一般选择晴天早晨或傍晚，或阴雨天进行，以避开阳光直射和高温。要求规格整齐，一次放足。虾苗、虾种的放养应带水操作，避免堆压。放养时动作要轻捷，操作要熟练。虾池四周都要放到，使虾苗、虾种在虾池中分布均匀。

（3）防止混入杂虾种　在江浙地区的自然水域，除青虾外，捕捞的天然虾苗中往往混杂有大量白虾、米虾等。这些杂虾对环境的适应力强，繁殖力也强，但生长规格小，经济价值低。如混入青虾苗种放养，将导致饵料和水体空间的竞争，直接影响到养殖产量、质量和经济效益。

42. 青虾池塘养殖有哪些主要模式?

青虾养殖模式较多，但基本模式只有主养与混养两种。主养青虾模式有双季虾养殖、鱼虾轮养，与罗氏沼虾、南美白对虾轮养等。混养又分为成鱼池混养青虾、鱼种池混养青虾以及河蟹池混养青虾等。其主要模式有：

(1) 两茬青虾养殖 冬、春季放养 3 厘米左右的幼虾，规格每千克 2 000～3 000 尾。每亩放 10～15 千克，养到 6 月起捕。第一茬虾捕捞结束后，再进行清塘消毒，7 月继续放养当年虾苗进行养殖，两茬虾每亩产商品虾 70～90 千克。

(2) 一次放种，周年养虾 冬、春季放养幼虾同（1）。到翌年 6 月基本起捕结束，留塘虾本塘繁殖育苗。根据虾苗密度可捕苗放养或出售，留塘虾苗继续养殖秋虾，到年底干塘起捕。缺点是留塘虾苗数量不易掌握，虾的规格大小不齐，往往会出现密度过大而影响商品虾规格，应采取轮捕措施，提大养小，密度过大应拉网分塘。

(3) 以青虾养殖为主，配养鱼种 每亩放 1.5 厘米左右规格的虾苗 4 万尾，套养花、白鲢夏花 800 尾，团头鲂 400 尾，异育银鲫 20～30 尾。可起到控制肥水，改善水质，吞食部分幼体，控制秋繁虾苗密度的作用。每亩产青虾 50 千克左右，产鱼种 40～50 千克。如果套养成鱼，每亩放养 50～100 克的花、白鲢鱼种 80～100 尾，异育银鲫 50 尾，每亩产成鱼 50～60 千克。上半年池塘可利用养殖一季成鱼，或养殖春虾。

(4) 青虾与热带虾双茬轮养 前茬养殖罗氏沼虾或南美白对虾等热带虾，下半年养殖青虾，称为后茬。罗氏沼虾或南美白对虾必须放养早繁苗，可利用塑料大棚暂养。5 月上、中旬水温稳定在 20℃左右放入池塘，每亩放 4 万～5 万尾左右；8 月上、中旬起捕结束，每亩产 300 千克左右。后茬青虾苗因罗氏沼虾或南美白对虾占用池塘，不能在 7 月正常放养，必须暂养 1 个月。暂养规格使之达到 3 厘米，每亩放养虾种 2.5 万～3 万尾，8 月下旬放养结束，每亩产青虾 40 千克左右。留塘虾种尚可养殖一茬春虾，于 4 月底前起捕结束。

(5) 河蟹池混养青虾 冬、春季亩放幼虾 10～15 千克，于 6 月捕捞上市。存塘青虾则可繁殖虾苗继续养殖秋虾，根据虾苗繁殖数量也可增放虾苗 1 万～2 万尾。蟹池套养青虾，两茬亩产可达 30 千克以上。

43. 如何控制青虾养殖秋繁苗密度过大的问题?

青虾性成熟周期短，繁殖力强，7 月放养的虾苗当年即可抱卵繁苗，抑制进一步生长；产生的大量秋繁苗与其争食、争空间，相互制约生长，影响商品虾产量比例。因此，控制青虾过度秋繁，是提高青虾商品率、增加养殖经济效益的措施之一。在养殖过程中，主要采用以下几种方法加以控制：

(1) 购买放养优质苗 到青虾原良种场购苗种，切忌为了节省成本而多年自繁自育，近亲繁殖，使苗种品质越来越差，性成熟越来越早，商品虾规格越来越小。

(2) 推迟虾苗放养时间 放苗时间推迟到 7 月中下旬，甚至到 8 月上旬。此批虾苗因水温关系一般不会抱卵繁殖，从而控制虾苗密度。

(3) 投放鳙 在青虾池中配养每千克 20～30 尾的鳙鱼种，鳙鱼种可滤食浮游生物，而青虾变态前的溞状幼体也是鳙鱼种的饵料，这种方法也可在较大程度上控制虾苗数量。

(4) 人工捞出抱卵虾 利用水花生能为青虾提供栖息场所的特点，天气炎热时，在水花生藏身的青虾 80%以上是抱卵虾，可用抄网适量捕出部分抱卵虾，以控制池中秋苗数量。

44. 青虾对饲料营养有何需求?

青虾饲料的营养组成，即饲料配方的设计，是以青虾的营养需要为依据和基础的。青虾的营养需求，包括蛋白质、脂肪、糖类、维生素和矿物质等。这些营养需求对于青虾的正常生长、发育、免疫力以及繁殖有决定性的影响，其含量的不足或过量，都可能导致青虾新陈代谢紊乱、生长缓慢以至疾病的发生或死亡。

(1) 蛋白质和氨基酸 蛋白质是组成虾体组织器官的主要成分，是其生理活动的基础物质。因此，青虾饲料营养的组成首要问题是，了解青虾对蛋白质的需求量。青虾饲料一般要比鱼类饲料蛋白含量高，饲料蛋白质适宜含量一般为35%。

(2) 脂类 脂类是青虾能量和生长发育必需脂肪酸的重要来源，它可提供虾类生长所需的必需脂肪酸、胆固醇及磷脂等营养物质，并能促进脂溶性维生素的吸收。脂肪属高能量物质，是虾类的重要能量来源，同时，还是虾体组织的重要组成成分，参与虾体的组织细胞膜及磷脂化合物的构成。

(3) 糖类 糖类也称碳水化合物，是虾体能量的主要来源。饲料中的糖类，主要指的是淀粉、纤维素、半纤维素和木质素。虽然糖类产生的热能远比同量脂肪所产生的热能低，但含糖类丰富的饲料原料较为低廉，且糖类能较快地释放出热能，提供能量。糖类还是构成虾体的重要物质，参与许多生命过程。糖类对蛋白质在体内的代谢过程也很重要，动物摄入蛋白质并同时摄入适量的糖类，可增加腺苷三磷酸酶形成，有利于氨基酸的活化以及合成蛋白质，使氮在体内的贮留量增加，有利于减少蛋白质的消耗。

(4) 维生素 维生素不能提供能量，也不是虾体的构成成分，主要是在辅酶中促成酶的活性，参与虾体的物质代谢过程。如缺乏维生素，虾体对不良环境的抵抗力降低，生长缓慢，甚至引起发病死亡。因此，在配合饲料加工过程中，需要添加一定量的复合维生素。

（5）矿物质 矿物质也是虾体需要的物质之一。在这些矿物质中，有的是参与虾体组织的构成，如磷和钙是形成虾壳的重要成分，有的则参与物质代谢的过程。对于青虾，必需矿物元素可以通过两种途径摄取，即通过从鳃膜交换或吞饮水，以及通过肠道吸收途径获得。但是，因为在蜕壳过程中某些矿物元素反复损失，所以在养殖中，尤其是高密度养殖，为了维持青虾正常生长，在饲料中必须添加一些矿物元素。

45. 青虾的饵料有哪些种类和来源？

青虾的食性很广。在天然水域，幼体阶段主要摄食藻类、轮虫、枝角类和桡足类等浮游生物；幼虾阶段主要以枝角类、桡足类、小型水生昆虫和有机碎屑为食；成虾阶段主要摄食水生昆虫、动物尸体、植物碎片和有机碎屑等。

（1）青虾饵料的种类 青虾的饵料，按其性质分为动物性饵料和植物性饵料两大类。

①动物性饵料：青虾喜食的动物性饵料，主要有浮游动物中的轮虫、枝角类和桡足类；各类底栖动物和水生昆虫幼体，小鱼小虾，螺蚬蚌肉、蚕蛹、鱼粉、蚯蚓和蝇蛆等。

②植物性饵料：青虾喜食的植物性饵料，有饼类、糠麸和酒糟等，还有多种水生植物的嫩茎叶。

（2）青虾饵料的来源 按其饵料来源途径，可分为天然饵料和人工饵料。

①天然饵料：是指天然存在于水域中能供青虾摄食，并能提供青虾生长发育所需的一些天然物质。饵料生物是天然饵料的主要成分，由于是活的生物，又称活饵料。主要包括酵母，光合细菌，单细胞藻类，甲壳动物（如轮虫、枝角类、桡足类、钩虾、

糠虾)，底栖动物（如沙蚕、水丝蚓）和双壳贝类的卵、幼体等。饵料生物大量使用在青虾苗种培育阶段，目前主要采取池塘施肥的方法培育饵料生物。此外，水花生、水葫芦、苦草等水生植物及其碎屑除了可供青虾摄食外，还可为其提供栖息场所。

②人工饵料：人工饵料包括两大类：一类是人工投喂的饼类、糠麸、麦类和经简单加工的小杂鱼、螺蚬肉、河蚌肉、蚕蛹及畜禽内脏等，这些饵料来源广泛，可以就地取材，加工简便，但容易污染水质，饵料系数较高；另一类是配合饲料，按照青虾不同生长发育阶段对营养的需求，将动物性饵料、植物性饵料按照一定的配方进行组合，并加入少量骨粉或蚌壳粉、蟹壳粉以及其他添加剂，制成系列配合饲料。

46. 选择青虾配合饲料有什么质量要求？

青虾配合饲料质量要求，包括感官要求、物理要求、营养要求和卫生要求等。

(1) 感官要求 要求颗粒适口均匀，表面光滑，切口平整，含粉率低，色泽均匀一致。优质的青虾饲料，由于使用了一些鱼粉，一般都有很正常的鱼腥味，闻起来比较腥香。如果是比较差的饲料，因为用了一些鱼粉的替代品，鱼腥味就比较淡，或者干脆就无鱼粉组成。另外，不好的饲料可能出现霉味，这实际上就是脂肪氧化以后产生的气味，这种饲料一旦投喂以后，有可能引起青虾患病，造成大批死亡。

(2) 物理要求 要求饲料粉碎粒度符合要求，粉碎粒度98%通过40目（0.425毫米）筛孔，80%通过60目（0.250毫米）筛孔。另外，饲料杂质含量、混合均匀度、含粉率与粉化率、在水中的稳定性等也要达到相应的要求。试水可以试验青虾料的水中稳定性。取一把青虾料放置水杯中，盛上水，过30分钟取出几粒用手捏一捏，略有软化的则是比较好的饲料，没有软化的有原料调质工艺的问题。再过3小时观察饲料，仍然保持着颗粒形状不溃散的为好饲料。凡是过早溃散或者很难软化的饲料，在加工工艺上都存在不足。

（3）营养要求 青虾饲料要求营养价值要高，即饲料为青虾摄食后，对青虾生长，形成青虾机体组织发挥的功效要大。青虾饲料营养价值的评定，主要有以下几项内容：一是饲料营养成分的含量；二是饲料在青虾体内的消化吸收情况；三是饲料的生长效果及转化情况。对于青虾饲料中营养成分的要求，一般说来，水分低、蛋白质含量高、氨基酸全且平衡、粗纤维较少，其他养分也较丰富的青虾饲料质量较高；反之，则低。

（4）卫生要求 用于加工青虾饲料所有原料，应符合各类原料标准的规定，原料质量符合相应的国家或行业标准。大豆原料应经过破坏蛋白酶抑制因子的处理；鱼粉质量应符合SC 3501的规定；鱼油质量应符合SC/T 3502中二级精制鱼油的要求；使用的药物添加剂种类和用量应按照《饲料药物添加剂使用规范》、《禁止在饲料饮水中使用的药物品种目录》、《食品动物禁用的兽药及其他化合物清单》、《饲料和饲料添加剂管理条例》、《水产养殖质量安全管理规定》、《允许使用饲料添加剂目录》等强制性行政法规，不得选用国家规定禁止使用的药物或添加剂，也不得在饲料中长期添加抗菌药物。

47. 青虾配合饲料有哪些优点？怎样选择？

饲料是青虾养殖的重要投入品，也是构成养殖成本的主要因素，欲生产出优质商品虾和提高养虾经济效益，必须使用符合规范、标准的青虾饲料。

（1）青虾配合饲料的主要优点 配合饲料养虾是发展的主要趋势。其主要优点：

①青虾配合饲料是根据青虾营养需要配制的，其所含的营养

成分比较全面，基本能够满足青虾正常生长发育的需要。

②青虾配合饲料经过机械加工成不同规格后，不仅适口性好，而且减少饲料营养成分在水中的散失。这样既防止水质污染，又减少饲料的浪费，提高饲料利用率。

③青虾配合饲料中各种原料经过加工处理配合后，能除去一些毒素和不利因子，杀灭一些病菌及寄生虫卵，减少饲料中不良因子的影响和疾病的侵害，并能提高饲料营养和消化吸收率。

(2) 青虾配合饲料的选购原则 选择有一定规模、技术力量雄厚、售后服务到位、养殖效果好的饲料厂商生产的饲料。选购饲料时还要掌握以下原则：

①饲料不含有违禁成分，必须符合《无公害食品 渔用配合饲料安全限量（NY 5072）》标准，对青虾等水产动物无毒害作用。

②在青虾等水产动物体内中无残留，对食品安全不构成威胁，对人体健康无危害。

③配合饲料要适应青虾不同生长阶段营养需要，避免饲料营养配方不相匹配，而发生营养代谢病。

④饲料的整齐度、适口性好，颜色均一，无异味。放入透明的玻璃瓶中浸软发散后，残留颗粒大小差异小。

⑤黏合糊化程度好，要求饲料袋中无粉尘集中现象，放在水中至少 1 小时不散开。

⑥标识清楚，包括组成成分质量参数、出厂日期与保质期、保存要求、使用方法及注意事项等。

48. 青虾饲料配方的设计须遵循哪些原则?

对于青虾养殖来说，根据青虾不同生长阶段的营养需求设计配方，是保证青虾饲料质量的关键。青虾饲料配方的设计须遵循以下原则：

(1) 科学性 青虾饲料配方的设计，按其不同阶段的营养需求进行科学配比，从而提高饲料的消化率和利用率。

(2) 经济性 组成配方的原料尽量因地制宜，就地取材，可减少运输、贮藏成本，原料新鲜，降低成本。

(3) 实用性 按设计配方生产的饲料，必须适口，在水中稳定性好，饲料效率高。

(4) 安全卫生性 设计配方符合《渔用配合饲料的安全指标限量》的要求。

(5) 青虾饲料在配制时要考虑的因素 一是青虾对蛋白质的要求及不同生长阶段的营养需求。一般要求在35%左右，苗种要求的蛋白质水平又较成体为高；二是选择多种原料相配合，必须注意动、植物等多种饲料原料配合，以满足青虾的营养需求；三是注意饲料添加剂的添加和选择。在选择饲料添加剂时，要注意它的针对性、生物效价、有效期、用量、限量、禁用、用法和配合禁忌等，不能用畜用、禽用添加剂代替渔用添加剂。

49. 虾池饵料投喂的“四定”原则指什么？

青虾饲料的投喂要做到“四定”。

(1) 定质 做到饲料新鲜，适口性强，营养丰富。一般可按动物性饲料30%～40%、植物性饲料60%～70%的比例组合。在虾苗刚下塘15天左右投喂粉状饲料，如米糠、麦粉和蚕蛹粉等粉碎性动植物饲料，动植物料比1∶3左右，加水搅拌成糊状，投喂在水下30厘米左右的浅滩上。青虾规格达到2.5厘米以上，就可投喂1～3毫米粒径的配合料或颗粒料的破碎料。如果是新鲜的动物性饲料，必须加工绞碎后投喂。

(2) 定量 青虾生长季节日投喂量一般为池虾总重量的5%～8%，还应结合天气、水质和水温等情况灵活掌握。测定投喂量的最好方法是，在投喂后观察虾的吃食情况，正常情况下以3小时左右吃完为宜。

(3) 定位 虾的游泳能力较弱，活动范围较小，又是分散寻食，所以不设食台，而是投喂在相对固定的池边或滩上。一般离池边1.5米左右，方法可多点式，也可一线式。

(4) 定时 青虾的吃食强度夜间明显高于白天，20：00后最高，8：00后次之。青虾对食物的消化速度一般8～12个小时，所以养殖池的投喂通常每天2次，8：00～9：00和18：00～19：00。上午投喂总量的1/3，晚上投喂总量的2/3。上午投喂的浅滩位置较晚上稍偏深一点。

50. 虾池投喂饵料需要注意些什么?

由于一年四季气候条件的不同，再加上青虾不同生长发育阶段对饵料需求的不同，虾池饵料的投喂应注意以下三点：

(1) 按照青虾食性的转变和不同生长发育阶段对营养的需求科学投饵 青虾的幼体以浮游动物为食，成虾则为杂食性，兼食动物性饵料和植物性饵料。因此在青虾养殖过程中，虾苗、虾种放养阶段，应以投喂动物性饵料为主，通过施足基肥、适时追肥，培养大批轮虫、枝角类、桡足类供幼虾捕食，当幼虾长到2厘米以上时，就可用动物性饵料和植物性饵料混合打浆投喂。虾体长到3厘米以上时，就应适量增加植物性饵料的比例。8～9月是青虾快速生长阶段，日投饵量要加大，植物性饵料投喂量可占总量的70%；10～11月，是青虾积累营养、准备越冬阶段，此时应增加动物性饵料的投喂量，以充分满足青虾对营养的需求，促其生长，增大商品规格。

(2) 按照青虾的生活习性和渔时季节的不同合理投饵 青虾具有昼伏夜出的生活习性，夜晚出来觅食，且喜欢在虾池浅水区的水草丛中活动觅食。因此，青虾池的投饵，一般每天投喂2～3

次，8：00 和 17：00 左右各投喂一次，以傍晚一次投饵为主，投饵量应占全天投喂量的 70%，做到定时、定质和定量，均匀投喂。

(3) 按照天气、水质变化和青虾活动摄食状况适时调整投饵 由于每天的天气、水质状况不完全相同，会直接影响到青虾的活动与摄食，因而要坚持每天早晚巡池，收听天气预报，观察了解虾池水质变化状况和青虾的活动摄食情况，为调整投饵量提供科学依据。一般情况下，天气晴朗，水质良好，青虾活动正常，应适当多投饵；阴雨闷热天气应少投饵。青虾生长旺季应多投饵；虾苗虾种下塘阶段和青虾生长后期应少投饵。具体掌握的方法是：虾池投饵 1 小时后，检查青虾吃食情况。如在 1～2 小时内将饵料吃完，第二天应适当增加投饵量，如吃不完，则应减少投饵。

51. 池塘青虾养殖水质管理有哪些要求?

强化虾池水质管理，创造一个良好的生态环境，是夺取池塘养虾高产的重要措施。具体应掌握以下四个方面：

(1) 按照青虾生长发育对水体环境条件的要求管好虾池水质 青虾为甲壳类水生动物，要求池水溶氧在 5 毫克/升以上，pH 为 7～8，水的透明度在 40 厘米左右，池底的淤泥 10 厘米左右，有机质含量较少，水质清新活爽。在养虾过程中，加强对水质的监测和调控，保持良好的水质，促进青虾生长。

(2) 按照水质主要因子的变化规律管好虾池水质 溶氧是水质的一个重要因子，水中溶氧的主要来源：一是绿色植物的光合作用；二是通过风力扩散作用，将空气中的氧溶入水中；三是通过人工措施，补充水中氧气。而水中溶氧的消耗：一是水生生物的呼吸耗氧；二是风力的扩散，使水中的溶氧回到空气中；三是池中有机物的分解耗氧。水中溶氧的昼夜变化是：晴朗的天气，由于绿色植物的光合作用，释放大量氧气，水中溶氧量中午前后达到饱和状态，而夜晚绿色植物光合作用停止，水生生物呼吸大量耗氧，加上有机物分解耗氧，黎明前虾池的溶氧处于最低水平，所以，夜间、凌晨易引起青虾缺氧。此外，虾池水质通过不定期施肥及大量藻类死亡，或连续阴雨天气，也会造成虾池缺氧。应加强巡塘，注意水质溶氧变化，及时采取增氧措施，以免发生缺氧事故，造成损失。

虾池 pH 的变化，主要是由于厌氧细菌分解的代谢物和残饵腐败产生的有机酸所致。此外，酸雨等因素也会引起池水 pH 的变化。而虾池水的透明度主要是由水中的悬浮物，特别是藻类的数量所决定的。通常茶褐色、油绿色为好，透明度 40 厘米左右为宜，应该根据这些因子的昼夜变化，强化水质管理。

(3) 按照渔时季节变化管好虾池水质 虾苗放养初期，虾池水深保持 0.8 米左右即可。8～9 月既是高温天气，又是青虾生长旺季，因而要把池水加满，使水深达到 1.2～1.5 米。秋季水质极易变化，应根据虾池水质状况，每 7～10 天加、换水 1 次，换水量不宜过大，一般掌握在 1/4 左右。或定期开动增氧机，给虾池增氧。平时，如发现水质过肥、过浓，要及时加、换水，调控水质。

(4) 按照天气变化管好虾池水质 坚持收听气象预报和早晚巡塘，观察虾池水质变化，根据天气、水质以及青虾活动情况，采取相应的措施，保持良好的水质。

52. 怎样调节虾池水质?

虾池水质管理尤为重要，掌握水色、水质变化，通常采取加水、换水，开机增氧，使用生物制剂等方法，保持肥、活、嫩、爽的水质，是促进青虾生长、减少病害的一项重要措施。

良好的养殖水体，要求水色以绿藻、隐藻、硅藻等优势藻类形成的绿色、黄色或黄褐色为主，透明度控制在 35 厘米左右。

在养殖过程中，往往因投饵、施肥和排泄等因素，造成水质的变化，这就要求在养殖过程中要注意不断调节水质，为青虾创造良好的生活环境，水质调节包括多方面的指标，如透明度、酸碱度(pH)、溶氧量、有机物耗氧量、碱度、硬度以及硫化氢、氨氮、亚硝酸盐等。因此，应根据不同的养殖要求，采取相应的技术措施调控水质，如加、换新水，应用微生态制剂，适时增氧，合理设置水草，保持一定肥度的水质，泼洒生石灰等，达到肥、活、嫩、爽的水质要求。

53. 如何判断虾池水质的好坏?

池水反映的颜色，简称“水色”。它是由水中的溶解物质、悬浮颗粒、浮游生物、天空和池底色彩反射等因素综合而成，在通常情况下，由于池中浮游生物经常变化而引起水色改变。观察池塘水色及其变化，是一项重要的日常管理工作。

(1) 瘦水与不好的水 瘦水水质清淡，或呈浅绿色，透明度较大，一般超过50厘米，甚至达60～70厘米，浮游生物数量少，水中往往生长丝状藻类和水生维管束植物。下面几种颜色的池水，虽然浮游植物数量较多，但大多属于难消化的种类，因此为养虾不好的水。

①暗绿色：天热时水面常有暗绿色或黄绿色浮膜，水中团藻类、裸藻类较多。

②灰蓝色：透明度低，混浊度大，水中颤藻类等蓝藻较多。

③蓝绿色：透明度低，混浊度大，天热时有灰黄色的浮膜，水中微囊球藻等蓝、绿藻较多。

(2) 较肥的水 一般呈草绿带黄色，混浊度较大，水中多数是青虾消化及易消化的浮游植物。

(3) 肥水 呈黄褐色或油绿色。混浊度较小，透明度适中，一般为25～40厘米。水中浮游生物数量较多，青虾易消化的种类如硅藻、隐藻或金藻等较多。浮游动物以轮虫较多，有时枝角类、桡足类也较多，肥水按其水色可分为两种类型：

①褐色水（包括黄褐、红褐、褐带绿等）：优势种类多为硅藻，有时隐藻大量繁殖也呈褐色，同时有较多的微细浮游植物，如绿球藻、栅藻等，特别是褐带绿的水。

②绿色水（包括油绿、黄绿、绿带褐等）：优势种类多为绿藻（如绿球藻、栅藻等）和隐藻，有时有较多的硅藻。

(4)"水华"水 俗称"扫帚水"、"乌云水"，是在肥水的基础上进一步发展形成的，浮游生物数量多，池水往往呈蓝绿色或绿色带状或云块状水华。渔民们常据此来判断施肥后的施肥效果优劣和肥水情况，此时，应防止发生"转水"而引起"泛池"（尤其是天气突变时）。可在通过注、换新水，增氧，使用微生态制剂和生石灰等技术措施的基础上，适量追肥，调控水质。

①"转水"：藻类极度繁殖，遇天气不正常时容易发生大量死亡，使水质突变，水色发黑，继而转清，发臭，成为"臭清水"，这种现象群众称为"转水"。这时池中溶氧被大量消耗，往往引起"泛池"。

②"水华"：保持较长时间的"水华"水，不使水质恶化，可提高青虾和鲢、鳙等的产量。

54. 怎样做好虾池的日常管理?

虾池的日常管理既要求认真细致，又要坚持不懈。具体应做好以下几项工作：

(1) 建立巡池检查制度 坚持每天早晨巡池，观察水质、青虾活动吃食情况，捞除残饵和漂浮物，发现水蛇、水老鼠、蛙类和水鸟等敌害，要及时驱赶或捕捉。并做好巡池记录，为改进饲养管理提供依据。

(2) 加强对蜕壳虾的管理 青虾蜕壳是青虾生长的重要标

志。刚蜕壳的青虾壳很软，且活动能力弱，很容易遭受敌害侵袭和相互残杀，为此，在养殖过程中，应通过投饵和控水的措施，使青虾蜕壳基本一致。当发现大批青虾蜕壳时，不要换水或冲水，保持虾池水位稳定，并投喂优质饵料，增加投喂量，使青虾顺利蜕壳和尽快恢复体力，避免死亡。

（3）做好防逃工作 7月是长江中下游地区的雨季，8～9月以后是台风频发时期。为此，要在汛期到来之前，加固好池埂，维修好进、排水设施，备好防汛器材，严防大风、大雨冲垮池埂或漫池引发逃逸。

（4）移栽和管好水生植物 保持好池塘周边的水草带，是提高青虾产量的必要条件，如发现水生植物不足应及时补种。必要时可适当设置网片，架设一定数量的茶树枝条，以增加青虾的隐蔽栖息场所。

（5）适时选捕成虾上市 青虾生长速度较快，及时捕捞，捕大留小，是提高青虾产量的关键，所以要认真做好日常捕捞工作。青虾捕捞的原则，应以常年小型捕虾工具捕捞为主。到秋末、冬初水温下降时，青虾活动减弱，可采用虾拖网大量捕捞，以减少干塘虾的损失。

（6）认真做好病害防治工作 青虾生长季节，一般20天左右用生石灰浆全池泼洒一次，以调节水质和预防病害。经常进行食场消毒，不投霉烂变质的饵料，发现虾病及时对症治疗。

（7）做好池塘档案记录 按照从生产到销售各个环节，即池塘清整、苗种放养、饲料投喂、水质调控、病害防治和产品销售等，做好塘口记录，以利于总结经验教训和质量追溯。

55. 如何加强青虾的越冬饲养管理？

青虾的越冬是发展青虾养殖生产的重要环节。青虾的越冬分为幼虾越冬和亲虾越冬。幼虾越冬，是指那些8～9月繁殖的虾苗，到12月还未长到商品规格的小虾，通过越冬，留待放养春虾；而亲虾越冬，则是对选留下来待翌年繁殖用的亲虾进行强化培育，使其安全越冬。

（1）选好越冬池塘 青虾越冬的池塘要求比较规则，避风向阳，水深1.5米以上，且水草较多。青虾的越冬自当年12月到翌年3月，时间长达4个月。越冬期间，青虾一般潜伏在池底水草丛中，很少活动。为了给青虾越冬提供一个良好的保暖越冬环境，还应在越冬池内放置水草150～200千克，柳树根25～35千克。

（2）合理放养，提高成活率 亲虾越冬要挑选体质健壮，体态完好，无病无伤，规格大的亲虾，亲虾规格为200～500只/千克。雌、雄虾比例可按2∶1配比。亲虾挑选好后，每亩池塘可放15～25千克亲虾；幼虾越冬，每亩水面放规格为2 000～3 000只/千克的幼虾20～40千克。通常，12月选择晴朗天气进行越冬放养。有条件的，可直接按春虾养殖要求放养幼虾越冬。

（3）科学投饵，搞好越冬管理 亲（幼）虾在越冬期间仍需摄取少量食物。为此，青虾越冬期间，要坚持抓好投喂工作，通常在晴暖天气，每次每亩水面投喂商品饵料1～2千克，每7～10天投喂一次，饵料要求少而精。要指定专人做好越冬管理工作。严冬季节，池水结冰要及时敲碎打洞，严防亲（幼）虾缺氧窒息死亡，从而使亲（幼）虾安全顺利越冬。

56. 青虾的捕捞工具与方法有哪些？

商品青虾的捕捞是青虾养殖的最后一个环节，通常采取分批适时轮捕，多种工具并用，平时小捕捞与年底干池捕捉相结合的方法，努力提高青虾的回捕率。青虾的捕捞工具与作业方法很多，现将五种常用的捕捞工具介绍如下：

（1）地笼网 选用直径为6毫米的钢筋，加工制成40厘米的正方形框架，每 50 厘米一个用纲绳连接起来，外面再用聚乙烯网片包缠（图 14）。地笼网的一端或两端作成网兜，在每一个框架与框架的网片上制作须门，使青虾只能进不能出。地笼网的长度可根据池塘的长宽度来决定，地笼网为定置工具，可以常年作业，将地笼网置于池塘中，每天早晨将地笼网提起收虾，取大放小，捕捞效果较好。

图 14　地笼网

（2）虾笼　用竹篾编制成直径为 10 厘米的丁字形筒状笼子（图 15），两个入口置有倒须，青虾只能进不能出。在笼内放入面粉团、麦麸等饵料，引诱青虾进入进行捕捉。通常傍晚放置，早晨收笼取虾，挑选大规格商品虾销售，小虾放回池中继续进行养殖。

（3）抄网　又叫手抄网，制作简易，使用方便（图 16）。捕虾时，用手抄网在水生植物下方或人工虾巢的下方抄捕，捕大留小，捕捞效果也不错，特别是在急需捕捞少量青虾时选用此法。

（4）虾球　用竹片编制成直径为 60～70 厘米扁圆形空球，内填竹梢、刨花和马尾松梢等，顶端系一塑料绳，用泡沫塑料作

图 15　虾　笼

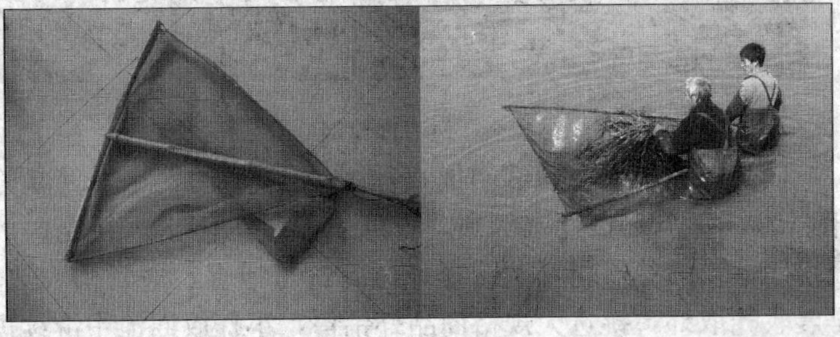

图 16　三角抄网

浮子即成。将虾球放入养殖水域，定期用手抄网将集于虾球上的虾捕上来。

(5) 拖网　用聚乙烯网片制作，类似捕捞夏花的渔网，拖网主要用于集中大捕捞，先将虾池水放去大部分，再用拖网拖捕。

除了采用工具捕虾外，还可采取放水捕虾和干塘捕虾，最后将虾全部起捕出池。

57. 青虾养殖为什么要采取常年捕捞?

由于青虾生长快，性成熟早，繁殖能力强，故在青虾养殖一段时间后，一部分青虾就会产卵孵苗，出现几代同池的现象，造成虾池密度过大，相互争食，影响青虾正常生长。因而，实行常年轮捕、捕大留小，是青虾养殖生产上的一条重要增产措施。

(1) 常年轮捕的好处 一是可以确保在池青虾的合理密度，大规格的虾捕出后，可促进小规格的虾快速生长，提高产量；二是可以节约生产成本，提高虾池和饵料的利用率；三是可以避开集中上市高峰，提高经济效益，同时也加快了资金周转，为扩大再生产创造了条件；四是可以均衡上市，满足市场需求。

(2) 常年轮捕的方法 一般自8月中下旬即可开始轮捕，将规格达到5厘米以上的大规格虾起捕上市。一是轮捕的次数和每次的起捕量，应因地因时制宜，科学安排；二是要采用多种工具相结合的捕捞方法进行轮捕，通常可用地笼网加手抄网轮捕，也可用虾笼、虾罾、虾球等工具进行轮捕，具体可根据市场需要量决定；三是要注意提高轮捕的质量，捕捞技术要熟练，操作要规范标准，动作要轻快敏捷，不得伤及虾体，尤其是需回放的小虾；四是要搞好商品虾的暂养，通常可用网箱、大规格虾笼等工具，选择水质条件较好的池塘、河道等水域，将轮捕上来的商品虾集中暂养，并加强管理，待集中到一定数量时，运往市场销售。

58. 商品虾如何运输?

青虾个体小，体质娇嫩，极易死亡，故大量商品虾活体运输技术性很强，要求很高，更是提高商品虾销售价格的关键所在，因而要十分重视。

(1) 青虾活体运输的主要工具与方法 常用的工具及运输方法主要有：

①活水车装运：这是目前装运活体青虾的主要方法。选用性能较好的卡车，车上装活水箱。活水箱用直径 3 毫米的钢板制作，箱体高 1.2 米，长 1.6 米，宽 1.2 米。箱体内用钢板隔成三格，用于叠放网笼。活水箱上还要装好送气管道，并各配 2 台柴油机，1 台增氧泵，2 只氧气瓶以及贮冰箱等设施。

网笼用来装活虾，每个网笼高 12 厘米，宽 30 厘米，长 50 厘米。用圆钢作架，外用聚乙烯网片包缠。网笼上面的网片可用拉链铰合，装虾时拉开，装好后拉上，防止青虾跳出。

运输前，先将活水箱内装满水，要求水质清新，溶氧丰富。然后，将活虾装入网笼，每个网笼可装活虾 5～10 千克。装好活虾的网笼立即叠放在活水箱内，开动增氧泵增氧，一般一个活水箱可叠放 80 只网笼，运载活虾量达 400～800 千克。运输途中要有专人押运，负责管理，确保不停地送气增氧。如运输时气温超过 15℃，应及时在水箱内加冰降温，先将冰块敲小，再放入水箱，使冰块在水箱分布均匀，水箱内的水温调控在 10℃左右，以提高青虾的运输成活率。

②活水船装运：选用一定吨位的活水船，内装网箱，放入青虾进行运输。运输活虾的数量，视船的大小、运距远近以及需要的运输时间灵活掌握，要求运输途中水质没有污染。

③尼龙袋充氧运输：选用规格 40 厘米×70 厘米的双层尼龙袋，袋中装入 1/3 清新的池水，每袋可装活虾 2～4 千克，充入氧气，扎紧袋口，放入纸箱内即可装运。该法运输安全可靠，适宜长距离运输。

④木桶、帆布桶等容器装运：选用一定容积的木桶、帆布桶，每 100 升水体可装活虾 5 千克左右，桶上用网罩盖，严防青虾跳出，该法适宜短距离运输。

（2）青虾活体运输的注意事项 为了提高青虾运输成活率，必须注意以下事项：

①商品虾的质量要好：青虾个体规格5厘米以上，规格整齐，体质健壮，活力较强，暂养时间不超过1天，这样的青虾一般运输成活率较高。

②装运量要适中：每千克青虾的尾数较多，耗氧量较大。因而，不管采用哪种运输工具装运，都要注意装运量要适中，切忌超量。尤其是大批量长距离的活水车装运时，更应严格把关。

③运输时间选择要恰当：青虾活体运输适宜气温在15℃左右，水温保持10℃左右。青虾的活体运输最好选择在夜晚进行，以避开阳光直射，避免风吹雨淋。一般高温天气不宜运输，如在气温较高的情况运输，活水箱内一定要加冰块降温。用尼龙袋充氧运输的，可用空调车装运。

④加强运输途中管理：不管采用哪种运输工具，都要有专人押运管理，负责增氧降温，确保运输安全。利用活水车大批量装运的，还要选好运输路线，中途休息时间不要太长，行车过程中不要过分颠簸，以较快的运输速度直接将活虾运到市场，努力提高运输的成活率。

59. 如何进行池塘青虾一次放种、周年养殖？

一次放种、周年养虾模式，是根据青虾在池中有自繁虾苗的习性而设计的一种养虾方式。具有操作简便，商品虾可常年捕捞销售等优点。

（1）养殖流程 12月虾池清池施肥培水→放养虾种（同时套放鲢、鳙鱼种）→春季青虾养殖饲养管理→5、6月分期捕虾上市→6月留池青虾自繁虾苗→套放夏花鱼种→秋季养虾饲养管理→9～12月捕大留小→12月干池结产。

（2）苗种来源与放养 选择品种纯正的优质虾种，最好到原良种青虾苗种场购买。一般 12 月前后，每亩放养规格为2 000～3 000尾/千克的虾种 15～20 千克，混养规格为 25 克/尾的鲢、鳙鱼种 200 尾左右。5、6 月分期捕虾上市，留部分青虾在池中自行繁殖虾苗，作为秋季养虾的虾种。

(3) 做好日常饲养管理工作 要把握青虾养殖的每一个环节，加强饲养管理，促进青虾快速生长。

①移栽水草：水草可以给青虾生长提供隐蔽场所，提升立体空间，还可以调节水质，降低水温。主要种植水花生、水蕹菜等漂浮植物。应根据不同的生长期管好水草，春季保持占池塘的20%～30%，秋季保持占池塘的 50%～60%。

②科学投饲：青虾活动范围小，在青虾栖息区域实施多点投饲，坚持"四定"、"四看"投饲法。进入 11 月后，天气渐冷，也应适当投喂，不能提早停食。

③防治病害：青虾养殖病害较少，但纤毛虫病是青虾常发生的疾病，如果不及时防治，会引发细菌性烂鳃、黑鳃病。因此，每年 4 月中旬和 8 月中旬左右，要全面用药一次，选用纤虫灭等杀灭纤毛虫，再用二氧化氯等消毒，1 周后选用 EM 菌、光合细菌、芽孢杆菌等生物制剂调节水质。春季青蛙繁殖期，要多巡塘观察，及时清除池中蛙卵。平时，加水要用 80 目筛绢过滤，防止野杂鱼等入池。

④调节水质：水位应根据不同季节、不同时期灵活调节。水质也应根据不同生长阶段及时调节，保持一定肥度的水质。

60. 如何进行池塘青虾双季养殖?

青虾养殖可分为春、秋两季养殖。一般春季虾养殖时间为当年 12 月至翌年 6 月底；秋季虾为当年 7 月至 11 月底。

(1) 池塘条件 池塘呈长方形，面积以 5～8 亩为宜。进水口用 80 目筛绢过滤，以防野杂鱼进入。配备微孔管增氧设施。

池塘曝晒 20 天后，春季虾在苗种放养前 10 天用药物清塘消毒，然后每亩施复合肥 10～25 千克；秋季养殖是等春季虾 6 月底捕尽后，进行干池清塘消毒，注入新水 60～80 厘米后放苗。

（2）合理放养苗种 春季青虾养殖苗种于当年 12 月至翌年 3 月初放养结束，青虾规格 2 000～3 000 只/千克，每亩放 15～20 千克；秋季青虾养殖，每亩放规格为 1.5 厘米左右的青虾苗 6 万～10 万尾。

（3）饲料投喂 饲料以全价配合饲料为主。在 4 月前、11 月后每天投喂 1 次，时间为 14：00～15：00；5～10 月每天投喂 2 次，时间分别为 7：00～8：00 和 17：00～18：00。日投喂量为存塘虾总量的 5%～10%，其中，下午一次的投喂量为日投喂量的 2/3。

（4）水质与水草管理 6 月前池水保持一定肥度，透明度保持在 30～40 厘米，以培养浮游动物，加快青虾生长，并可有效预防青苔的发生。青虾生长旺季，水质要求清新，透明度保持在 40 厘米左右为宜，水略呈淡绿色。7～9 月高温季节，水草生长过旺时，应清除过多水草，使水草的覆盖率保持在 30%～40%，以防止水草过多，出现烂草死亡败坏水质，造成青虾大量死亡。

（5）病害防治 5 月前、11 月后，每 15～20 天使用 1 次硫酸锌或二氧化氯，以预防寄生虫及细菌性疾病；5～10 月，每 15 天左右使用 1 次生物菌调控水质，预防疾病。当发现青虾发病，应及时对症治疗。

（6）捕捞上市 上半年至 5 月底前用地笼捕捞，6 月底干池捕尽，下半年 9 月开始用地笼捕捞或冬季用底拉网或手抄网捕捞，干池时人工捕尽。

61. 如何进行鱼种池混养青虾？

鱼种池混养青虾是一种很好的养殖方式，可实行两茬养殖法，即春季养虾和秋季养虾。春季养虾是年底鱼种出塘后，12月放养幼虾，6月底至7月初起捕结束，利用上半年鱼种池空闲期单养青虾；秋季养虾是在7月放养虾苗，而后放养夏花至年底养成商品虾和鱼种出售。其技术要点为：

（1）池塘选择与清整 鱼种池都能混养青虾。一般要求面积10亩以下，呈长方形，东西向，保水深度2米左右，坡比1∶2.5，池底平坦，向出水口倾斜，水源充沛，进、排水设施齐全，配有增氧设施，淤泥深控制在15厘米以内。池塘中栽植适量的水生植物，以培育中上层鱼类的鱼种池为好，不宜在培育底层鱼种为主的塘口混养青虾。清塘工作分两步进行：一是冬季清塘，要求干池曝晒，用生石灰清塘；二是在放养夏花前，可采用茶粕或巴豆药塘，以杀死小杂鱼、蛙卵、蝌蚪和蚂蟥等。

（2）虾巢设置 鱼种池混养青虾，应在池中适当设置水草，供青虾栖息、隐蔽和蜕壳。入池的水草应经消毒处理，以防鱼卵、小杂鱼等敌害生物带入池内。

（3）进水施肥 上半年主要是以养殖青虾为主，池塘需要一定的肥度，因此，冬季清塘后10天应及时进水20厘米左右，进水时要用密筛绢过滤，以防野杂鱼和敌害生物进入池塘。然后，按200～250千克/亩施有机腐熟的畜、禽粪肥。后期随季节变化，适当加深水位。水质过淡，需及时追肥，以保持水质肥、爽、活、嫩。

（4）种苗放养 放养夏花鱼种，以鲢、鳙、草鱼、鳊、鲫等为主，一般青虾不能与青鱼、鲤混养，以培育银鲫鱼种为主的塘为好，其次为培育花、白鲢鱼种为主的塘。春季养虾：12月至翌年2月放养，虾种规格2～3厘米，放养量视计划产量而定，一般每亩产30千克以内，可放8～10千克；每亩产50千克以上，可放15～20千克。秋季养虾：一是利用本塘自产的虾苗，不另行放养，只增放夏花鱼种；二是将塘中青虾全部出池，药塘后重新放养虾苗和夏花鱼种，虾苗每亩放养量为1.5万～3万尾，规格为1.2～1.5厘米，放养1周后再放夏花鱼种。

（5）饵料投喂 上半年因池塘中主要为青虾养殖，饵料投喂同春季虾养殖。对下半年鱼种池混养青虾，每亩产青虾30千克的塘口，一般不单独投喂，鱼种的残饵足够青虾摄食。但在9月青虾摄食高峰时，应在晚间增投1次青虾颗粒饵料、动物性饵料如轧碎螺蛳等浅滩投喂（要求先投足鱼饲料，再投青虾专用配合饲料）。每亩产青虾50千克以上的塘口，要在池塘四周浅水滩角处设置青虾食台，每晚17：00～18：00投喂青虾配合饵料（蛋白质含量在30%以上），以促进青虾生长。

（6）水质管理 鱼虾混养池对水体溶氧的要求高于一般鱼池，特别在7月下旬幼虾快速生长阶段，溶氧显得特别重要，水质直接影响幼体的生长和成活率，应根据天气、水质变化，定期注、换新水和开启增氧设施，确保水质肥、活、嫩、爽，溶氧丰富。

（7）病害防治 鱼种池混养青虾，鱼种发病的几率相对多些，因此应以鱼种为主，主要是采取生物制剂调控水质，注重预防为主。鱼、虾病发生时，应尽早治疗，对症用药。特别提醒的是，在治疗鱼种寄生虫疾病时，应使用鱼虾混养塘专用杀虫药，不得使用对青虾有影响的药物。

（8）适时捕捞 5～6月及9月采用地笼或抄网捕捞春季及秋季青虾，捕大留小，均衡上市。当水温降至10℃左右时，及时拉网捕捞，做好成虾上市、鱼种并塘越冬工作。

62. 鱼种池混养青虾应掌握哪些原则？

鱼种池混养青虾，应符合共生互利的原理。目前，可与青虾混养的鱼种主要有鲢、鳙、草鱼、鲂和异育银鲫等。鲢、鳙以浮游生物为饵，生活在水体的上层，能起到清洁养殖环境的作用；草鱼、鲂以水、旱草等为食，生活在水体的中层。青虾与鱼种混养，虽相互有一定的影响，但只要搭配比例恰当，大小规格适宜，是可以趋利避害的。实行青虾与鱼种混养，必须坚持以下原则：

(1) 不能影响青虾生长的原则 青鱼、鲤会大量吞食青虾，则不宜与青虾混养；而草鱼、团头鲂、鲢、鳙则不会伤害青虾。故青虾与鱼种混养，宜选主养鲢、鳙的池塘；其次，饲养草鱼、鲂或异育银鲫为主养鱼的池塘。

(2) 提高放养数量的原则 青虾个体小，活动范围不大，争食能力不强，混养时可适当增加青虾苗种的放养数量，一般每亩放养2万～3万尾，规格1.5厘米以上。这样不仅鱼种获得高产，青虾也能获得较好的产量。

63. 鱼种池混养青虾的主要类型有哪些？

鱼种池混养青虾，一般每亩可产鱼种300千克，青虾20～40千克。主要混养类型有以下几种：

(1) 以培育异育银鲫为主的池塘混养青虾 通常，每亩放异育银鲫夏花4 000尾左右，另搭养部分鲢、鳙、草鱼、鲂等鱼。7月放养1.5厘米以上的虾苗，每亩2万～3万尾，产青虾30千克以上。

(2) 以培育鲢、鳙鱼种为主的池塘混养青虾 通常，每亩放鲢夏花1万尾左右，适量搭养鳙等，每亩放青虾苗1.5万～2万尾，年底产青虾20千克左右。

(3) 以培育草鱼、鲂鱼种为主的池塘混养青虾 每亩放草鱼夏花6 000尾左右，鲂夏花700尾，同时配养部分鲢、鳙和异育银鲫夏花。7月初，每亩放养虾苗2万～3万尾，年底产青虾30千克以上。

64. 鱼种池混养青虾有哪些技术要点？

鱼种池混养青虾，应掌握以下技术要点：

(1) 种苗基础好 建立鱼类、青虾种苗的良种供应体系，确保种苗放养的规格、质量和数量需求。

(2) 饵料质优量足 推广配合饲料养殖，选用蛋白质含量在30%以上的优质鱼、虾专用配合饲料。在饲料的投喂方法上，也应实行定时、定位、定质、定量和看天气、看水质、看鱼虾活动吃食情况。投喂时应做到先喂鱼，待鱼吃饱了再喂虾，虾料投喂主要以晚上为主，做到科学喂养。

(3) 强化饲养管理 搞好鱼虾混养，实现增产增收，关键是管理。一是在混养池中移栽一些水生植物，适量设置网片，使青虾有一个良好的栖息、隐蔽和蜕壳场所；二是管好水质，严防缺氧，根据天气、水质变化，定期换水增氧，确保水质清新活爽；三是做好病害防治工作，定期泼洒生石灰水和药物预防，发现病害，及时诊断，科学用药；四是做好防汛防逃工作；五是坚持早晚巡池检查，掌握鱼虾活动吃食和水质变化情况，加强饲养管理。

65. 多茬虾养殖模式应掌握哪些技术关键？

多茬虾养殖，是指一年内饲养2～3茬青虾和热带虾的养殖模式。青虾一年内有两个生长高峰期，一是上半年的4、5月；二是下半年的8、9月，多茬虾的养殖就是利用这个原理，它是目前提高养殖产量和经济效益的重要途径之一。该模式水体利用率高，单产水平高，经济效益好。要搞好多茬虾的养殖，关键是安排好养殖茬口和苗种衔接，做好各项准备工作，并按照相应的技术操作要点进行。

(1) 茬口衔接 该模式一般通过塑料大棚培育罗氏沼虾或南美白对虾早繁苗，5月下旬移入室外养殖，通过强化培育，8月初开始上市。8月中旬养一茬秋虾，12月至翌年的5月再养一茬春虾，一年之内养三茬虾。

(2) 塘口条件 多茬虾养殖的虾池面积以5～10亩为宜，形状为长方形，东西向，池坡比为1∶2.5，池底平坦，池埂厚实，不渗漏，水深1.5～2米，池底中央设有集虾沟。同时，要求水源充足，水质良好，符合国家规定的养殖用水标准，进排水系配套，配备增氧设施。

(3) 苗种要求 搞好多茬虾的养殖，苗种配套很重要，必须按时间要求衔接好。冬、春季养青虾，以放大规格虾种为主，一般为3厘米左右的虾种，每亩可放1.5万～2万尾；夏、秋季养青虾，放养虾苗为当年培育，规格要求2厘米左右，每亩可放4万～6万尾。罗氏沼虾或南美白对虾为规格0.8～1.2厘米的虾苗，每亩可放4万～5万尾。放养的虾苗种都要求体质健壮，规格整齐，无病无伤，活力强。

(4) 饲养管理 多茬虾养殖的特点是，养殖的时间短，换茬快，因而搞好饲养管理十分重要。一是饵料质量好，适口性好，日投饵量、投饵方法和投饵次数，均可参照池塘主养青虾进行，确保青虾吃饱吃好；二是要搞好水质管理，重点是增加换水次数，适时增氧，科学使用微生态制剂，调节好水质，确保虾池水质处于肥、活、嫩、爽状态；三是加强管理，坚持每天巡池检查，做好虾池环境的维护等工作。

(5) 捕捞销售 搞好养殖虾的捕捞销售，实现增产增收，是开展多茬虾养殖的重要组成部分。所以，一是要做到按茬口需求组织上市；二是要搞好茬口衔接必要的暂养管理。多茬虾的养殖，茬口安排紧，到时就得干池起捕。因而，起捕上来的虾要妥善安排暂养，及时上市。

66. 如何进行池塘青虾与热带虾茬口轮养？

青虾和罗氏沼虾或南美白对虾等热带虾双茬轮养，可显著提高池塘利用率和养殖经济效益。

(1) 轮养方式 一般4～5月投放罗氏沼虾或南美白对虾大苗，至8月底起捕，完成第一茬养殖；7～9月投放青虾苗，至翌年4月出售，从而实现一年两茬轮养的目的。以南美白对虾为例，放养与收获见表5。

表5 放养与收获

单位：亩

放养时间	品种	数量	规格	预计产量
4月中下旬	南美白对虾	8万～10万尾	虾苗	450～500千克
7～8月	青虾	5万～8万尾	2～3厘米	50～60千克

注：本模式由江苏省张家港市凤凰镇高庄特种水产养殖场提供。

(2) 池塘选择与清整 面积5～15亩，池塘保持水深1.5～1.8米，单独进排水，配备增氧设施。池塘在放苗前10天，每亩用100千克生石灰干法清塘，杀灭池塘中的野杂鱼和致病菌。如新开池要求在放苗前4～5天，施发酵有机肥200～400千克，底泥肥的老池可少施或不施。

(3) 饵料投喂 选用南美白对虾专用配合饲料，刚开始每亩每天500克，以后平均每天增加约150克。当增加到每亩每天10千克时，保持这个投喂量，直到养殖结束。投喂次数每天2次，第1次为5：00～6：00，投喂量为全天总投喂量的1/3；第2次为17：00～18：00，投喂量为全天总投喂量的2/3。

(4) 水质调节 刚开始保持水深0.5米，后逐步加深至1.5米以上，以后只要视水的渗透或蒸发的数量补满即可。整个养殖期保持水色呈绿色，透明度20～30厘米。当南美白对虾养殖1个月以上时，逢阴雨天及时开启增氧设施增氧。当养至一个半月以上，特别是高温季节，需从21：00开始整夜增氧，直到翌日7：00结束。

(5) 病害防治 主要在虾苗放养前，施沸石粉80千克/亩和光合细菌8千克/亩，全池泼洒，调节水质。在南美白对虾正常养殖期间，每 10 天用虾病康 200 克拌虾饲料 40 千克投喂，每次连喂 3 天，直到养殖结束。平时，视水质情况不定期泼洒底净改善养殖水质，当发现南美白对虾有细菌性疾病时，则采取全池泼洒二氧化氯治疗。

(6) 起捕上市 当南美白对虾养至 70 天以上，采取捕大留小的方法，用大眼地笼起捕规格达 10 厘米以上的成虾出售，至 10 月底捕捞结束。

(7) 青虾苗种放养与养殖管理 在 7 月下旬至 8 月中下旬，每亩放养 2～3 厘米左右当年繁殖的青虾苗种 5 万～8 万尾。青虾放养并正常管理后，继续用大眼地笼起捕南美白对虾，直到 10 月底左右捕捞结束。南美白对虾捕捞上市结束后，继续做好青虾养殖的投饲、水质调节和病害防治等工作，以促进青虾生长。以后，视青虾长成规格逐步起捕上市，但主要捕捞上市时间为翌年清明前后，因这段时间青虾售价较高。南美白对虾早苗养殖池要求在 4 月前将青虾干池捕清，其余南美白对虾养殖池可在 5 月上旬将青虾全部捕清。

67. 如何进行虾、蟹、鱼混养?

在同一养殖水体中，既养河蟹，养鱼，又养青虾，这是一种高效生态混养模式。按其养殖类型，可分为池塘、稻田和大水面三种虾蟹鱼混养模式。实行虾蟹鱼混养，既增加了养殖对象，又提高了养殖产量。一般以养蟹为主的池塘，每亩产青虾 30 千克左右，产河蟹 50～80 千克，产常规鱼 100 千克左右。每亩产值一般都在 5 000 元以上，高的达万元以上，效益很好。主要养殖技术要点为：

(1) 放好虾、蟹、鱼种苗 河蟹应以饲养大规格商品蟹为主，放养蟹种规格为 80～160 克/千克。池塘、稻田等养殖水面，每亩可放 400～600 只，大水面每亩 200 只。混养青虾应采取两季虾的养殖模式，冬季在蟹种放养后，每亩放规格为2.5～3厘米的虾种10～15千克，5月中旬开始轮捕，7月每亩再补放1.5厘米的虾苗1万尾左右。鱼种放养，以饲养异育银鲫为主养鱼，适当搭养鲢、鳙、草鱼、鲂，放养量视塘口条件和饲养管理水平而定，并适量套养鳜。放养的蟹种、虾种、鱼种都要求体质健壮，规格整齐，无病无伤，活力强，以提高放养的成活率。

(2) 强化喂养 虾、蟹、鱼同池混养，养殖的品种和放养的数量增加了，投喂的饵料量也要相应增加。虾、蟹的日投饵量，为虾、蟹体重的10%左右。

(3) 加强管理 一是要坚持勤换水，加强对水质的监测。坚持每天早晚巡池，观察水质变化；一般每10天左右换1次水，每次换水1/3；按时开机增氧；每半个月泼洒1次生石灰水，每亩每次用量10千克，溶化后全池泼洒，既消毒又调节水质，池水溶氧保持在5毫克/升以上，pH 7～8.5，透明度40厘米左右。二是要加大病害防治力度，把病害防治工作贯穿到整个养殖过程中，要彻底清塘消毒，进水严格过滤，放养的种苗质量要好，投喂的饵料要新鲜、适口，加强水质管理，定期用生石灰和药物进行水体消毒和病害防治工作。三是要搞好防逃设施建设与维护管理工作。

68. 如何进行荡滩虾、蟹、鱼混养?

利用荡滩大面积提水水面进行青虾＋河蟹＋鳜鱼养殖模式，生态效益、经济效益和社会效益较为显著。

(1) 池塘条件准备 面积不限，池深1.5米、滩面水深1.2米，四周用石棉瓦围栏作防逃墙。养殖区域远离污染源，交通便利，水源充足。准备工作包括池埂修复、清淤、消毒、培肥水质、移植水草和投放螺蛳等。

（2）苗种放养 幼虾、蟹种于2～3月间放养，密度3千克/亩和500只/亩。鳜于5月底放养，密度16尾/亩，同时，于6月放养2厘米左右的鲫鱼夏花，密度1千克/亩（作为鳜饵料），于7月初放养3厘米左右的鲢1.5千克/亩。

（3）饲料投喂 喂好饵料是虾、蟹、鱼获得高产的关键。饲料的选择与投喂要掌握以下要点：

①饲料种类：有玉米、小麦、菜饼和南瓜等植物性饲料，淡水野杂鱼、螺、蚌、冰海鱼等动物性饲料，以及人工配合饲料。

②投喂原则：荤、精、青饲料合理搭配，根据生长阶段、季节和天气等因素灵活掌握投饵量，保证吃足吃好，忌忽饱忽饥。

③投喂方法：掌握“四定、四看”的投饵方针，采取池边定点投喂与全池遍洒相结合。

（4）水质调控 水质管理是荡滩虾、蟹、鱼混养的关键，在调控过程中要作为管理的主要工作来抓。

①水质要求：透明度30～50厘米，水色以清爽的黄绿色为最好，溶解氧5毫克/升以上，pH 7～8，氨氮不超过0.2毫克/升，亚硝酸盐0.02毫克/升以下。

②水位：坚持“前浅、中深、后勤”的原则，即前期保持浅水位，以提高水温，促进蜕壳；中期特别是炎热的夏、秋季保持深水位，始终保持水质清新，溶氧充足。

③加、换水：水位过浅时，及时加水；水质过浓时，及时更换新水，尤其是夏、秋季保持勤换水。

④生化调控：定期全池泼洒生石灰水和使用光合细菌、EM菌和枯草菌等生物制剂。

（5）病害控制 坚持以防为主，防重于治的方针，通过平时的认真管理，使养殖的水生动物不发病和少发病。

①苗种消毒：蟹种用25毫克/升浓度的福尔马林浸浴30分钟、鱼虾种用3.5%食盐水浸浴10分钟后下池。

②水体消毒：养殖期间，每隔15天每立方米水体分别用15

克生石灰和0.8克漂白粉进行水体消毒。

③投喂药饵：每100千克饲料加入15克土霉素投喂，每天1次，连喂3天为一个疗程，以防治虾蟹肠炎病，全期共使用2次。

④捕杀敌害：主要有水獭、水蛇、水老鼠、蛙类及蝌蚪、水鸟等，采取诱捉、猎捕等方式予以驱赶或杀灭。

69. 稻田养殖青虾应具备哪些基本条件?

养殖青虾的稻田是青虾和水稻生长的共同场所，稻田条件的好坏，直接影响着水稻和青虾的生长，影响着产量和效益。因而，要搞好稻田养殖青虾，必须按照水稻和青虾生长对环境条件的要求，选好稻田，搞好稻田工程建设（图17）。

图17　稻田养殖青虾

（1）水源水质条件　用于发展稻田养殖青虾的田块，要选择靠近水源，水量充足，水质较好的地方进行建设，最好选用集中连片的中低产农田，或低洼荒滩地进行改造。要求水质具备的基本条件是，溶氧在5毫克/升以上，pH 7～8，周围没有工业污染、生活污染源，符合国家规定的淡水养殖用水标准。

(2) 土壤条件 用于发展青虾养殖的田块以壤土为好。这样的土质条件，保水、保肥性能较好，底土比较肥沃，田埂比较厚实，易于进行水肥管理。通常，沙土田、漏水田等不易保水、保肥的田块不宜选用。

(3) 环境条件 要求环境安静，通水、通电、通路，饵料、肥料来源较广，青虾种苗供应有着较好的基础，稻田排灌自成体系，不受周围农田施肥、喷洒农药的影响。

(4) 稻田面积大小 用来养殖青虾的稻田面积大小没有严格的要求，为建设标准化农田，达到整齐划一，方便生产管理，一般以10～20亩一块为宜。为便于统一供种、供水、施肥和治虫，构建科学的排灌水系，实行道路、桥梁、涵闸、管理用房等统一规划布局，最好采取集中连片开发，统一建设。

70. 怎样做好养虾稻田的田间工程建设？

搞好稻渔工程建设的目的是，为青虾的养殖创造条件。为此，要从实际出发，高标准、高起点进行。稻田养青虾稻渔工程主要由以下四部分构成：

(1) 养殖沟 养殖沟是稻渔工程建设的主体。通常沟宽4～6米，深1～1.5米，成环形，可沿稻田田埂内侧四周开挖，临近田埂一面的坡比可大一些，一般为1∶2.5～1∶3，再在稻田中开挖几条田间沟，沟宽0.8～1米，深0.5～0.8米，主要供青虾进入稻田觅食。目前，不少地方采取稻田提水养虾的建设工艺，即将稻田田埂加高、加固，田中间开1～2条集虾沟即可，集虾沟的作用是用来放水捕虾。

(2) 排灌渠道 通常采用高灌、低排的格局。进水渠建在稻田的田埂上，排水渠建在稻田的最低处，灌排分开。进、排水口都要用多层筛绢网密封，进水需经严格过滤，做到灌得进、排得出。

（3）田埂田面建设 利用开挖养虾沟的土加高、加宽田埂，埂高1.5米左右，埂面宽1米。同时，搞好田面平整，为水稻的优质高产创造条件。

（4）道路、桥涵建设 发展规模化稻田养青虾，要从机械化操作需要出发，搞好道路建设，同时还要搞好排灌站和涵闸配套建设，提高抗御自然灾害的能力。

71. 稻田养殖青虾如何做好苗种放养？

虾苗、虾种放养，是稻田养殖青虾的重要步骤。要求一是要放好，二是要放足，虾苗、虾种过数要科学。

（1）放养前的准备 稻田养虾沟要求在放养前一个月建好。每亩虾沟要用生石灰50～75千克化水后泼洒，或用茶粕，水深1米每亩水面用40～50千克浸泡液泼洒，彻底清池消毒，待毒性消失后进水。进水时用多层筛绢网过滤，严防敌害生物进入，水深保持0.6～0.8米即可。虾苗放养前7～10天，每亩施腐熟的粪肥300～500千克，用于培育轮虫等天然饵料，供虾苗、虾种下沟后捕食。在虾沟内移栽好轮叶黑藻或马来眼子菜等水生植物，或种植水蕹菜，水生植物要占虾沟面积的1/2。

（2）虾苗、虾种的放养方法 目前稻田养殖青虾，虾苗、虾种放养主要有两种方法。一是虾苗直接放养法。通常自5月下旬开始，在养虾沟内设置若干口小网箱，按每亩虾沟放抱卵亲虾0.5～1千克计算，将抱卵虾放入小网箱内。通过微流水的刺激，促进虾卵孵化，一般经10～15天，虾苗即可全部孵化出来，并通过网箱箱眼进入养虾沟。此时，即可将孵化过的亲虾连同网箱一道取出，进行虾苗培育了。此法方便省事，但出苗计数有困难，通常采取在虾沟的浅水处取苗打样，检查虾苗的密度。一般稻田养殖商品虾，要求放苗5万～6万尾，如果虾苗放养数量不足，还应及时补放。二是专池培育虾苗、虾种，计数后放养。选择晴天早晨或傍晚，将培育好的优质虾苗、虾种放入养虾沟内，要求放匀放好，使虾苗、虾种分布均匀。再一种方法是，直接到天然水域中捕捞幼虾或购买幼虾进行放养。但此法数量少，只能作为补充。

(3) 虾苗、虾种的放养密度 虾苗、虾种的放养密度，随虾沟条件、饲养管理水平以及计划达到产量而定。通常主养青虾的，可在6月底至7月初，每亩养虾沟放1.2～1.5厘米的虾苗5万～6万尾，或放1.5～2厘米的虾种3万～4万尾。实行稻田鱼虾蟹混养的，每亩可放规格为1.5～2厘米的虾种2万尾。要求放养的虾苗、虾种必须是体质健壮，规格整齐，无病无伤，活力强，以提高放养的成活率。

72. 如何做好稻田养虾的饲养管理？

稻田养殖青虾的饲养管理和池塘养殖青虾一样，重点是要抓好饵肥管理、水质管理和日常管理。要求严格认真，一管到底。

(1) 投饵施肥 稻田养殖青虾，除利用稻田中的天然饵料外，还应人工投饵，必要时还要适量追肥。在饵料的投喂上，一是要坚持以投喂动物性饵料为主，植物性饵料为辅。凡有条件的，特别是集中连片的稻田养殖区，应建立活饵料培育基地，专门培育枝角类、桡足类、蚯蚓、小杂鱼、螺蛳和蚬子等，用来饲养青虾。二是要坚持采用定质、定量、定时的投饵方法。用以喂青虾的动物性饵料、植物性饵料都需经过加工粉碎，青虾幼小时，还需打成浆状。饵料要求新鲜适口，腐败变质的饵料不能用。每天投喂2次，以下午1次为主。日投饵量，鲜活饵料可按在虾沟体重的6%～10%安排，配合饲料或干饲料按3%～5%。三是要根据天气、水质变化以及青虾活动吃食情况，适时适量调整每天的投喂量。通常，天气晴好时多投，阴雨天少投；青虾生长旺季时多投，放养初期和起捕前少投；水质清新活爽，青虾活动、吃食正常时多投，水质过肥，青虾发病时少投。要合理调整每天的投喂量，使青虾吃饱，促进生长，又能提高饵料报酬，降低生产成本。

(2) 管好水质 一是要搞好水位管理。虾苗、虾种放养初期，虾沟水深保持0.6～0.8米即可。秧苗栽种后将虾沟水加满，至田面保持10厘米水深。进入10月中旬后再逐渐把虾沟水位降下来，并保持水深相对稳定，切忌忽高忽低。二是搞好水质管理。虾沟水溶氧要保持5毫克/升以上，pH 7～8.5，透明度在40厘米左右。夏、秋季要坚持定期换水，一般10～15天换1次水，每次换水1/3。水质过肥、过浓要及时换水。同时，每15天泼洒1次生石灰水，每亩虾沟用量为10～15千克，调节水质，有条件的还可施光合细菌液，用于改善水质。三是要妥善处理水稻烤田、水稻治虫喷药与青虾养殖用水的矛盾。水稻烤田时，通过逐步降低水位，待青虾全部回到虾沟后，再使田面露出，进行烤田，烤田结束后立即加水，恢复原来的水位。水稻需喷药防治病虫时，应选用低毒高效农药，采取喷雾或吹雾的方法，选择阴天喷药。喷药前应先将稻田中的青虾全部导入虾沟，喷药后立即换水，以减少对青虾的危害，做到水稻病虫防治与青虾生长两不误。

(3) 强化日常管理 一是要坚持巡田检查制度，每天早晚各巡田一次。一查饵料投喂及青虾吃食情况，调整当日饵料投喂量；二查虾沟内水质变化情况，及时换水增氧；三查虾沟内水生植物生长情况，如发现不足应及时补种；四查排灌渠系、田埂完好情况，做好防汛、防台准备工作，防止大水造成逃虾。二是要坚持不懈地做好虾病防治和敌害清除工作，贯彻预防为主、防治结合的方针，通过合理投饵、调控水质和强化管理等措施，严防虾病的发生与蔓延。发现虾沟内有青蛙、蟾蜍、水蛇和水蜈蚣等敌害时，要及时捕捉清除。水稻、青虾病害防治要正确用药，由于青虾对农药、渔药等比较敏感，因而用药时要特别谨慎，严格把握用药种类和安全浓度，确保青虾安全。三是要加强对蜕壳青虾的管理，通过合理投饵、调控水质等措施，使青虾蜕壳基本保持一致。大批青虾蜕壳后，要立即增投优质饵料，使青虾尽快恢复体力。同时，还要保持虾池环境安静，巡池、投饵操作时动作要轻，不要人为惊虾，影响青虾蜕壳。

73. 养虾稻田水稻的栽培与管理有什么特殊要求?

搞好水稻的栽培与管理，是发展稻田养青虾的又一个重要方面。要坚持因地制宜，全面推行水稻高产栽培技术。

(1) 水稻品种的选择 水稻品种的选择，既要考虑稻田养青虾的需要，又要从当地气候，土壤等条件出发，科学地选用。具体要求：一是抗病力强，病虫害少；二是耐肥力强，茎秆坚硬，不易倒伏；三是株型紧凑，有利于通风、透光；四是穗大粒多，优质高产，生长期较长。

(2) 水稻育秧 通常，采用旱地薄膜育苗秧，主要掌握以下环节：

①肥床准备：选择背风、向阳和靠近水源的田块作秧床。秧床宽 1.2～1.5 米，长 20～40 米，床与床之间的距离为 35～40 厘米。4 月上中旬，每亩秧床施人畜粪肥 2 500 千克，多次翻耕耙平。播种前 1 周，每亩秧床施尿素 20～25 千克，磷肥 100 千克，氯化钾 30 千克，并浅耕翻地 3～4 次，以促进土壤熟化，建成良好的育秧床。

②适时播种：每亩秧床用选定的稻种 2.5～3.0 千克，或杂交稻种 1～1.5 千克。先浸泡，再装入箩筐，放入温室，进行适温催芽。立夏前后播种，每平方米秧床落谷 0.15～0.2 千克。

③强化管理：播种后，在秧床上撒一层细泥土和一些麦秆，

用塑料薄膜覆盖封紧，以便增温保湿，促进发苗齐苗，选择晴天上午或阴天下午给秧苗喷洒一次透水。当秧苗长至2叶1心时，每亩追施尿素10～15千克，促进秧苗生长。

④防治病虫：用浸种灵1支兑水10千克，浸泡稻种6千克，防治恶苗病和干尖线虫病。对一代二化螟可在虫卵孵化高峰期用25%的杀虫双，每亩用量100～200毫升；或用90%的杀虫单，每亩用量50～60克，兑水泼洒。对育秧床的杂草，可用45%的旱秧草宁或60%的新马歇特，使用量为每亩75～100毫升，兑水喷雾，清除杂草。

(3) 秧苗移栽 杂交粳稻行距为26～30厘米，常规粳稻24～26厘米，株距均为13～15厘米。每亩稻田净面积栽插1.8万～2万穴，每穴5～6棵苗，每亩基本苗12万株左右。同时，还可在虾沟边多栽2行，以发挥边行优势。

(4) 水稻的生长管理 主要是抓好施肥、除草治虫和水浆管理三个环节。一是科学施肥，总的要求是基肥施足，追肥适量，氮、磷、钾比例恰当，充分满足水稻生长，分蘖、增穗、增粒对肥料的需求；二是水浆管理，要求做到浅水栽插，深水活棵，薄水分蘖，脱水烤田，复水长粗，深水抽穗，浅水挂籽和关水收获；三是病虫害防治，应选择高效低毒类农药，并注意使用方法，小心谨慎，尽量避免对青虾造成危害。

74. 网箱养虾的箱体如何制作、安装?

网箱养殖青虾，是目前很有发展前途的一种养殖方式。网箱是养殖青虾的载体，要养好青虾，就要搞好网箱的设计与制作。

(1) 网箱面积 网箱通常制成长方形，网箱的面积常用的有三种：一种为大网箱，每口60～70m²（10米×6.67米）；一种为中型网箱，每口30米²左右（7米×4.5米）；再一种小网箱，每口15米²左右（5米×3米）。箱体高1.3～1.5米，通常沉入水下 0.9～1 米，水上保持 0.4～0.6 米（主要用于防止青虾跳逃）。

（2）网目大小 制作网箱的材料，要求坚固耐用，价廉物美，来源方便。目前主要选用聚乙烯网片，经裁剪加工缝制而成，网目以 24 目为好，既不会逃虾，又便于水体交换和饲养管理。

（3）网箱的形式与安装 目前，网箱的形式主要有四种，即固定式网箱、浮动式网箱、下沉式网箱和升降式网箱。从网箱上口分，又有敞口式网箱和封闭式网箱。目前，饲养青虾主要采用固定敞口式网箱。

（4）网箱的安装 通常，采用大毛竹做成长方形框架作为浮子，也可用塑料桶等作浮子，并用竹桩或水泥桩固定支撑。在四角的柱桩上各装一个铁环，并加滑轮，将网箱固定在柱桩上。通过纲绳使网箱网目张开，箱体入水 0.9～1 米，并通过滑轮随水位升降加以调整。网箱既可单个设置，也可集中设置。集中设置，一般 5～6 口箱排成一行，两行为一个网箱养殖群体，中间加跳板用于操作管理。箱与箱的间距 4～5 米，行与行之间距离 5～6 米。

75. 如何选择网箱养虾的水域?

养殖水域的条件好坏，直接关系到青虾养殖的产量和效益，必须科学地选择养殖水域。通常，养殖水域应具备以下条件：

（1）位置 养殖青虾的网箱，宜选择在水面比较宽阔，水位相对稳定，避风向阳，水温适宜，底部平坦，淤泥不多，且来往船只少的地方进行设置，一般以湖湾、库湾为好。

（2）水质 网箱养殖青虾，要求水质清新活爽，溶氧丰富，pH 7～8.5，符合国家规定的养殖用水标准。周围没有污染源，上游没有大片漂浮水生植物，网箱设置区的水生植物也不多。

(3) 水流 设置网箱的水域要求有一定的水流。水流的作用，一是可以带来新鲜的水体，保证网箱有优越的溶氧条件；二是可将青虾吃剩的残饵及排泄物冲走，保持箱体内清洁的环境；三是可带进优质的天然饵料。水流过小，影响水体交换；水流过大，则影响青虾的生长。

(4) 水深 网箱养殖青虾的水深要求在 2 米以上，通常箱底与水域底部要有 0.5 米以上的距离，以使青虾不受底部污泥的影响，确保网箱养殖青虾的质量。

76. 网箱养虾的饲养管理工作要注意哪些环节?

网箱养青虾的饲养管理，是一项技术性很强的工作。应着重抓好以下四项工作：

(1) 虾苗、虾种的放养 网箱养殖青虾一般一年可养两茬。第一茬虾 3 月下旬放养，以放越冬的大规格虾种为主，体长为 2.5～3 厘米、体重为 0.5～1 克的优质虾种，每平方米网箱可放 100～150 尾。经过两个多月的精心饲养管理，6 月下旬至 7 月上旬开始起捕上市，或作人工繁殖的亲虾出售。第二茬虾 7 月下旬开始放养，以放当年培育的虾种为主，体长为 1.5～2.5 厘米、体重为 0.2～0.5 克的虾种，每平方米网箱可放 150～200 尾。虾种的放养密度，还可根据水域条件、饵料来源、饲养管理技术以及网箱面积的大小因地因时制宜，加以调整，以充分合理利用水体资源，提高网箱养殖青虾的产量和效益。有条件的单位，特别是虾苗、虾种配套条件较好的，一年可养三茬青虾。

(2) 科学投饵 网箱养殖青虾，由于其水体交换快，水质条件好，投喂的饵料质量与数量就成了养虾的关键。在饵料的投喂上，一是要把好饵料的质量关。网箱养殖青虾，使用配合饲料的粗蛋白含量要求在 35%左右。同时，注意使用系列配合饲料，以提高饵料的适口性。还要增喂一些用螺蚬蚌肉、小鱼虾加工成鱼糜状的动物性饵料。腐败变质的饵料不能用，粗蛋白含量低的配合饲料也不要用。二是要科学掌握每天的投饵量。配合饲料的日投饵量，可按在箱虾体重的5%～8%投饲。天气晴好，青虾吃食旺盛，可适当多投，阴雨天则可少投；大批青虾蜕壳时应少投，蜕壳后应多投。三是要采取正确的投饵方法。网箱养殖青虾，饵料要采取少量多次和定时、定质、定量的投饵方法，每天投喂2～4次，以晚上投喂为主，应占全天投喂量的70%。并根据青虾的吃食活动以及天气变化的情况，适时调整每天的投喂量，防止饵料的流失与浪费。

(3) 强化日常管理 网箱养殖青虾的管理，主要内容有“四勤”、“四防”。四勤是：一是勤巡箱检查，每天检查网箱3～4次，查青虾的活动吃食情况，查水体交换情况，查网箱有无破损，查青虾的生长情况；二是勤洗刷网箱，网箱在水中很容易附着很多藻类和污物，阻塞网眼，影响箱体内外水体交换通畅，因此，要经常洗刷网箱，清除箱内的残饵和虾的排泄物，保持箱体清洁卫生；三是勤维修设施，经常检查网箱的完好状态，发现破洞要及时修补或调换，确保网箱完好无损；四是勤记录。四防是：一是防敌害；二是防逃；三是防汛；四是防病。

(4) 搞好网箱内人工虾巢的设置 青虾的栖息、摄食与蜕壳都需要附着物，网箱内人工虾巢的设置有两种，一是投放水草，主要由轮叶黑藻、菹草和浮萍等，要求占网箱面积的1/3；另一种是在网箱内悬挂网片，用聚乙烯编织，网目为9目，宽50厘米，长度与网箱短边相等。网片与网箱短边呈平行排列，每隔1米悬挂1片，网片的两端与网箱长边相连，网片上侧高出水面5厘米，下侧悬空，以增加箱体内栖息的附着面积，防止青虾过分集中。悬挂网片的网箱，也应配以水草相结合。

五、病害防治

77. 青虾养殖疾病发生的原因有哪些？

青虾是终生生活在水中的水生动物，青虾的摄食、呼吸、排泄和生长等一切生命活动均在水中进行，因此，水环境对青虾生存和生长的影响很大。水中存在的病原体数量较陆地环境要多，水中的各种理化因子直接影响青虾的存活、生长和疾病的发生。体质健康的青虾对环境适应能力较强，对疾病也有一定的抵御能力。但养殖水体往往因清整消毒不彻底、放养密度过大、水质条件差、饲养管理不善、排泄物对水体的污染等原因，造成养殖环境恶化。病原体的侵害超过了青虾的内在免疫能力时，就导致了青虾疾病的发生。

（1）环境因素 池塘水体的理化性状，如光照、水温、溶解氧、pH、营养盐类与微量元素等因素的变化，都影响着青虾的生存。当这些因素变化过大、变幅太快时，都会导致病患。

①光照：青虾对光照有明显反应，白天多潜伏栖息在阴暗的地方，晚上夜间出来活动。所以，青虾的饲料投喂应主要在傍晚进行，否则将会造成青虾摄食不足，饲料浪费，水质污染，易发病害。

②水温：青虾是水生变温动物，正常情况下，它的体温随外界水温的变化而变化。如果外界水温突然剧变，青虾会出现应激，甚至出现死亡。如青虾幼体和虾苗下塘时，温差变化不能超过 3℃。长期的高温或低温，对青虾的生长发育都会产生不良影

响。同时，水温高，有机物的分解和水生生物呼吸旺盛会消耗大量的溶氧，一旦天气闷热，气压降低，若补氧不及时，将会引起病害，甚至因缺氧引起窒息而死亡。

③溶解氧：水中溶氧含量的高低，对青虾的生长和生存有着直接的关系。在溶氧不足的水体中，青虾对饵料的利用率较低，活动力差。溶氧低到 2.5 毫克/升时，青虾停止摄食，出现浮头现象；溶氧在 1 毫克/升时，即出现死亡。一直处于低溶氧情况下，免疫功能下降，易发生病害。

④酸碱度（pH）：虾对池水的酸碱度具有较大的适应范围，但以中性偏碱为好（即 pH 7～8.5）。若 pH 低于 5 或高于 9，青虾的生长受到一定的影响，生长慢，体质较差，而且容易引起疾病。

⑤水中化学成分及有毒物质：池水中化学成分的变化，往往与人们的生产活动、周围环境、水源水质、生物活动（鱼类、浮游生物、微生物）和底质等有关。如虾池长期不清塘，池底腐殖质过多，堆积大量没有分解的有机物，在微生物的分解过程中，一方面消耗池中大量溶氧，同时还释放出硫化氢、沼气等有害气体。有些水源由于工厂废水排入，各种农药因水源而进入虾池，都会导致青虾的病害或严重死亡。

（2）病原体因素 虾病大都是由生物感染或侵袭虾体而致，这些使虾致病的生物统称为病原体。往往在水质恶化，环境恶劣的情况下，引起病原菌、病毒或寄生虫侵袭而致病。

（3）机体原因 青虾的体质是虾病发生的内在因素，也是虾病发生的根本原因。体质好的青虾对疾病的抵抗力较强，虾病的发生率较低；反之，虾的体质较差，对各种病原体的抵御免疫能力下降，极易感染而发病。

（4）人为原因 一是由于饲养管理不当，投喂不规范，水质调节措施不到位等原因，直接影响青虾体质和免疫功能而易致病；二是由于投喂不洁、变质的饲料，不及时清除残饵、污物等管理因素造成水体污染，养殖环境恶化而引起病害；三是由于生产操作不当，造成虾体损伤，导致细菌感染而发病。

总之，虾病的发生，不是单一的因素，而要把外界环境和青虾机体本身的内在因素和饲养管理措施等方面联系起来，才能正确地判断青虾疾病发生的原因。强化科学养虾理念，推广生态健康养殖技术，预防病害的发生。

78. 如何预防青虾养殖病害?

青虾养殖应积极推广生态健康养殖技术，贯彻无病先防、有病早治的病害防治原则，做到防患于未然。

(1) 改善养殖环境 营造良好的养殖生态环境，是青虾养殖成功与否的重要基础条件，也是青虾病害预防的重要组成部分。具体做法有以下几个方面：

①干塘清淤：青虾冬季捕捞后，排干池水，挖去过多的淤泥，冻晒塘底，清除池塘及堤埂的杂草污物，以杀灭病原微生物，清除其滋生场所。

②药物消毒：对池塘进行药物消毒，是杀灭虾池野杂鱼、敌害生物、病原体，预防青虾病害的重要措施。必须高度重视，认真实施，做好清塘消毒工作。

(2) 选择优质健康苗种 通过选择天然水域亲虾，异地交换雌、雄亲虾等技术措施，确保种质优势，提高虾苗质量。进一步开展青虾品系选育工作，选育出生长快、抗病力强的青虾新品系。同时，要注重青虾苗种检疫，放养前将拟购买的青虾苗种送至水生动物检疫机构进行重大疫病的检测工作，确保青虾苗种不携带病原菌。

(3) 控制青虾种苗放养密度 减缓青虾性早熟，是控制青虾养殖苗种密度的关键。通过改进放养模式，调整放养密度，推迟放养时间，抑制性腺发育等技术，有效控制青虾养殖密度，改善养殖环境，促进青虾生长。

(4) 实施科学喂养，增强青虾体质 通过以青虾配合颗粒饲料为主，配以动植物饲料和青绿饲料的组合饲料应用技术和阶段性饲料投喂技术，提高饲料质量和喂养效果，促进青虾生长，增强青虾体质和抵抗力。

(5) 科学饲养管理 通过水、种、饵青虾养殖三要素的综合科学管理，创造良好的水体生态环境，有效预防病害的发生。

79. 青虾养殖病害防治选用药物的基本原则是什么？

青虾养殖病害防治选用药物时，鼓励使用国家颁布的推荐用药，注意药物相互作用，避免配伍禁忌，推广使用高效、低毒和低残留药物，并把药物防治与生态防治和免疫防治结合起来，通常需遵循以下原则：

(1) 有效性 首先，要看药物对这种疾病的治疗效果怎样。给药后死亡率的降低，常是确定给药疗效的一个主要依据，但还必须从摄食率、增重率、饲料效率等方面与对照组进行比较无差异，并以病理组织学证明治愈作为依据。

在选择抗生素时应依据以下几点：①要根据细菌的特性，选择合适药物的抗菌谱；②对养殖现场分离到的致病菌株，进行药物敏感性试验；③抗生素对致病菌的作用类型，为了增强药物的针对性，了解药物对病原菌的作用类型是很有必要的。

(2) 安全性 渔药的安全问题也越来越引起重视。在选择药物时，既要看到它有治疗疾病的作用，又要看到其不良作用的一面。有的药物虽然在治疗疾病上非常有效，但因其毒副作用大或具有潜在的致癌作用，而不得不被禁止使用。

(3) 方便性 医药和兽药大多是直接对个体用药，而渔药除少数情况下使用注射法和涂擦法外，都是间接地对群体用药，投喂药饵或将药物投放到养殖水体中进行药浴。因此，操作方便和容易掌握是选择渔药的要求之一。

(4) 经济性 从两方面考虑：①临床用药经济分析要分析用药后，病害能不能治愈，治愈后，水产动物生长的快慢、品质、销售价格等方面综合考虑，用药是否经济。不鼓励用药，能够不用药就不用药。②选择廉价易得的药物，水产养殖由于具有广泛、分散和大面积的特点，使用药物时需要的药量比较大（尤其是药浴），应在保证疗效和安全性的原则下，选择廉价易得的药物。

80. 何为休药期？休药期对产品质量有什么关系？

休药期又称停药期，是指从停止给药到水产品上市的最短间隔时间，是保证从停止给药起至所有食用组织中总残留浓度降至安全浓度以下所需的最短时间。遵循休药期规定，是确保药物残留不超标的关键之一，也是对产品质量保证的有效措施之一。药物进入虾体内，一般要经过吸收、代谢和排泄等过程，不会立即从体内消失。药物或其代谢产物，以蓄积、贮存或其他方式保留在组织、器官或可食性产品中，具有较高的浓度。在休药期，青虾组织中存在具有毒理学意义的残留，通过代谢，可逐渐消除，直至达到“安全浓度”，即低于“允许残留量”，或完全消失。经过休药期，暂时残留在青虾体内的药物被分解至完全消失或对人体无害的浓度。由此可见，休药期的规定，是为了减少或避免供人食用的动物源性食品中残留药物超量，保证食品安全，休药期与水产品质量有着非常密切的关系。

81. 青虾养殖病害防治有哪些给药方法？

青虾养殖病害防治的给药方法有泼洒法、悬挂法、浸浴法、内服法等。根据虾病的病情、配养品种、饲养方式、施药目的来选择不同的用药方法。

（1）泼洒法 全池泼洒法是防治虾病的最常用方法。它是将整个池塘的水体作为施药对象，在正确计算水量的前提下，选择适宜的施药浓度来计算用药量，然后把称量好的药品用水稀释，均匀泼洒到整个池塘的水体，以达到防治虾病的目的。

（2）悬挂法 也称挂篓（袋）法。即将药物装在有微孔的容器或布袋中，悬挂于食物周围或虾经常出没的地方，利用虾到食场摄食或生存活动的习性达到给药的目的。目前，常用的悬挂药物有含氯消毒剂等，药物的使用量根据具体的药物而定。

（3）浸浴法 水产养殖的一种重要给药方法。按照浸浴水体的大小，可分为遍洒法和浸浴法；根据药物浸浴的浓度和时间的不同，可以分为瞬间浸浴法、短时间浸浴法、长时间浸浴法和流水浸浴法。

（4）内服法 也称口服法，是精养虾池常用的用药方法。使用时将药物的使用量，按饲料的一定比例加入粉料中混合制成药饵投喂。用药量的计算：口服药量（克）＝虾池载虾量（千克）×虾的服药量（克/千克体重）；药饵配制浓度（%）＝用药量/（载虾量×日投饵率）×100%。

82. 青虾养殖病害的治疗，为什么要采取综合治疗方法？

随着规模化、集约化养殖的发展，水生动物病害也越来越多，必须分析发病原因，病害不是单一的，大多病害是由一种以上甚至是几种病原、病因引起的综合发病。另外，水产养殖病害的发生和流行，与养殖对象的生活环境、病原体孳生和生物体自身的抵抗力密切相关，即青虾病害的发生与青虾苗种质量、青虾养殖的池塘环境因子有着密切的关系，所以病害的治疗要考虑多重因素，采取综合治疗方法。综合治疗方法主要考虑到以下几方面：一是改善养殖环境，进行生态防治，主要是改良水质，可以通过换水适当调节温度，降低青虾应激反应，利用生物制剂进行生态防治等；二是控制病原体传播，进行生物防治，加强检疫，及时发现和诊断病原。经常使用消毒剂，控制疾病的发生和流行。

83. 青虾病害防治常用药物有哪些？如何使用？

（1）漂白粉 对细菌、真菌和病毒均有不同程度的杀灭作用。主要用于清塘、改善池塘环境及细菌性虾病的防治。由于其水溶液含大量氢氧化钙，所以还可调节池水的 pH。漂白粉稳定性差，一般条件下保存，有效氯每月减少 1%～3%，遇光、热、潮湿和在酸性环境下分解速度加快。因此，漂白粉应使用新出厂的、密封严的，使用前应测定其含氯量，再将其用量折合成含氯 25%计算，一般全池泼洒的浓度为 1 毫克/升。其不能用金属容器盛装，且不能与铵盐、生石灰混用。

（2）二氯异氰尿酸钠 含有效氯 60%左右，性状稳定，较易溶于水，溶解度为 25%，水溶液呈弱酸性，pH 5.5～6.5，溶于水后产生次氯酸。具有杀菌、灭藻、除臭、净水等作用，可防治各种细菌性虾病。

（3）三氯异氰尿酸 稳定性好，易保存，密封防潮的情况下可保存 3 年以上。溶解度较低（1%～2%），作用与二氯异氰尿酸钠相同，用量应针对水体 pH 适当增减，其杀菌力为漂白粉的 100 倍。

（4）二氧化氯制剂 为广谱杀菌消毒剂、净水剂。它能使微生物蛋白质的氨基酸氧化分解，从而达到杀死细菌、病毒、藻类和原虫的目的。使用浓度为 0.5～2 毫克/升，使用前需与弱酸活化 3～5 分钟。强光下易分解，需在阴天或早晚光线较弱时用，不受水质、pH 变化的影响，不污染水体，其杀菌力随温度下降而减弱。多为固体包装，分 A、B 袋，分别溶解倒在一起活化

3～5 分钟后全池泼洒。

(5) 硫酸铜 又名蓝矾、胆矾、石胆。主要用于防治寄生虫引起的虾病，还有灭藻、净水作用，是一种高效、价廉的药物。其缺点是药效与水温、水质关系大，而且其有效浓度与有害浓度差距较小，即安全范围较小，因此其使用浓度不易掌握。其药效与水温成正比，与有机物含量、溶氧、盐度、pH 成反比。池塘泼洒常用量为 0.7 毫克/升或 0.5 毫克/升加硫酸亚铁 0.2 毫克/升。一般肥水塘多用点，高温季节少用点，掌握不准可先少用，第二天再追加半量。

(6) 氯化钠 俗名食盐。具有防治细菌、真菌或寄生虫疾病等作用，可用于亲虾或虾种浸浴，浓度为 1%～3%，时间 5～10 分钟。

(7) 高锰酸钾 亦名锰酸钾、灰锰氧、锰强灰，是一种常见的强氧化剂。水产养殖中用于杀灭寄生虫，使用时浸浴浓度为 10 毫克/升，时间 15～30 分钟；全池泼洒用量为 4～7 毫克/升。注意水中有机物含量高时药效低，其易见光分解，故不宜在强烈阳光下使用。

(8) 季铵盐络合碘 季铵盐含量为 50%，对病毒、细菌、纤毛虫和藻类有杀灭作用，全池泼洒用量为 0.3 毫克/升，应注意勿与碱性物质、阴性离子表面活性剂混用，不要用金属容器盛装，使用后注意池塘增氧。

(9) 聚维酮碘 又名聚乙烯吡咯烷酮碘、皮维碘、PVP-1、伏碘，含有效碘 1.0%。常用于治疗细菌性虾病，并可用于预防病毒病。使用时需注意不要与金属物品接触，不能和季铵盐类消毒剂直接混合使用。

(10) 大蒜 含挥发油约 0.2%，油中主要成分为大蒜辣素，具有杀菌作用，可用于防治细菌性疾病。拌饵投喂每千克体重常用量为 10～30 克，连用 4～6 天即可。

84. 青虾养殖禁用渔药有哪些?

《无公害食品 渔用药物使用准则》中，严禁使用高毒、高残留或具有三致（致癌、致畸、致突变）毒性的渔药。严禁使用对水域环境有严重破坏而又难以修复的渔药，严禁直接向养殖水域泼洒抗生素，严禁将新近开发的人用新药作为渔药的主要或次要成分。青虾养殖用药应遵循渔用药物使用准则，不使用禁用渔药。青虾养殖禁用渔药主要有：

抗生素类禁用药：氯霉素、红霉素、杆菌肽锌、泰乐菌素、阿伏霉素、万古霉素。

禁用合成抗菌药：磺胺噻唑、磺胺脒、呋喃唑酮（痢特灵）、呋喃它酮、呋喃西林、呋喃妥因、呋喃苯烯酸钠、呋喃那斯、甲硝唑、地美硝唑、替硝唑、环丙沙星、卡巴氧、氨苯砜、喹乙醇。

催眠、镇静和安定类禁用药：安眠酮、氯丙嗪、地西泮。

禁用β-兴奋剂：盐酸克伦特罗（瘦肉精）、沙丁胺醇、西马特罗。

性激素类禁用药：己烯雌酚、苯甲酸雌二醇、玉米赤霉醇、去甲雄三烯醇酮、甲基睾丸酮、丙酸睾酮、苯丙酸诺龙、醋酸甲孕酮。

硝基化合物：硝呋烯腙、硝基酚钠。

孔雀石绿、汞制剂。

85. 青虾对哪些常用渔药敏感?

青虾对一些驱杀甲壳类寄生虫的药物较敏感，主要敏感的杀虫剂系列药物有敌百虫、锌硫磷粉、精制敌百虫粉30%、精制马拉硫磷溶液20%、氯氰菊酯溶液4.5%、氰戊菊酯溶液14%、溴氰菊酯溶液1%、锌硫磷溶液40%等，以上药物青虾养殖是禁用的。

86. 治疗青虾寄生性疾病，为什么要同时进行细菌性疾病的治疗？

青虾在受寄生虫寄生后，常常伴有细菌感染。原因有两方面：一是青虾受寄生虫感染时，机体抵抗力下降，尤其是鳃、附肢和眼柄基部等部位大量感染时；二是青虾感染寄生虫后，会造成机械性刺激和损伤。青虾生长需要通过蜕壳实现，蜕壳分生长蜕壳和生殖蜕壳两种。故青虾在受寄生虫感染时，特别容易造成机械性刺激和损伤，严重时可引起组织完整性的破坏、脱落、充血和大量分泌黏液等病变，细菌侵袭入机体。因此，治疗青虾寄生性疾病的同时，需要进行细菌性疾病的治疗，防止细菌感染和侵袭，减少细菌并发症的出现。

87. 青虾黑鳃病如何防治？

【症状】患病幼体活动能力明显减弱，多在底层缓慢游动，趋光性变弱，幼体变态期延长或不能变态，腹部卷曲，体色变白，不摄食。成虾浮于水面，行动缓慢呆滞。病虾的鳃部呈黑色，附着了许多黑色和褐色的污物。有些虾病除黑鳃外，其头胸甲和腹甲侧面均有黑斑（图18）。鳃丝坏死，组织脱落，最后呼吸困难，导致死亡。病虾的肝脏除头胸甲上方尚见小部分黄褐色外，几乎整个肝脏均变为白色。青虾黑鳃病由弧菌引起，用显微镜检查鳃丝，可发现局部鳃丝组织已脱落或呈空泡变性状态，组织内充满着运动活泼的弧状杆菌。本病幼体和成虾均会感染，死亡率高。

【防治方法】①养殖前，水体或容器均需做好消毒杀菌工作。

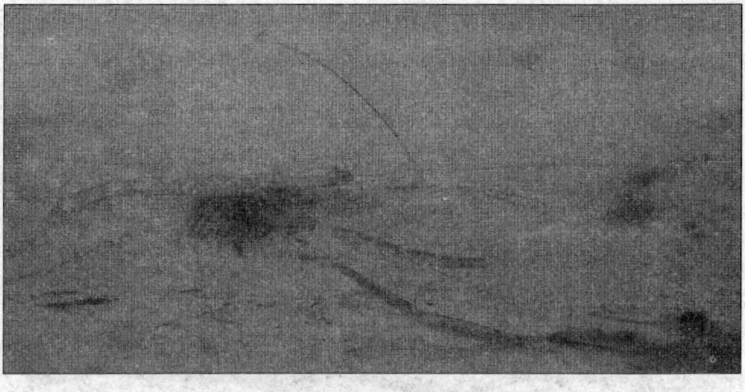

图 18　青虾黑鳃病

养虾池必须做好清塘整塘；育苗容器必须采用药物消毒；网箱在使用前均应洗净，阳光曝晒杀菌。②降低养殖密度，投饵要适当，以防止多余过剩的饵料腐烂变质，污染水体。③清除池底或箱底污物，经常排出下层水，加注新鲜水，以减少病原体繁殖机会。④发病青虾，可用 2 毫克/升的漂白粉全池泼洒。⑤用大蒜治疗虾苗弧菌病，效果较好。具体方法将大蒜去皮捣烂，过滤取汁配成 5～10 毫克/升（根据病情轻重增减）处理 24 小时。大蒜成本低，可作为一种广谱性渔药治疗虾病。⑥发病的池水经严格消毒后才能排出，严禁将发病的池水再用于养虾。

88. 青虾红体病如何防治？

【症状】又称红腿病。发病初期，青虾尾柄色泽变红，以后红色范围逐渐扩大至整个腹部游泳足，最后影响到头腹部的步足呈红色。严重时，除了所有的附肢呈红色外，整个腹部也呈红色（图 19）。该病多发生在放苗、除野和选捕后 1～3 天后，多由操作不善而引起。常呈急性型，死亡率高。该病主要发生在 7～8 月的高温季节。病虾活动能力减弱，在池（箱）边水面缓慢游动或沉底不动。对外界的反应迟钝，食欲迅速下降或停止摄食。发病的原因乃青虾受伤而感染细菌所致。根据发病症状和显微镜检查，可能也是弧菌属的细菌引起。

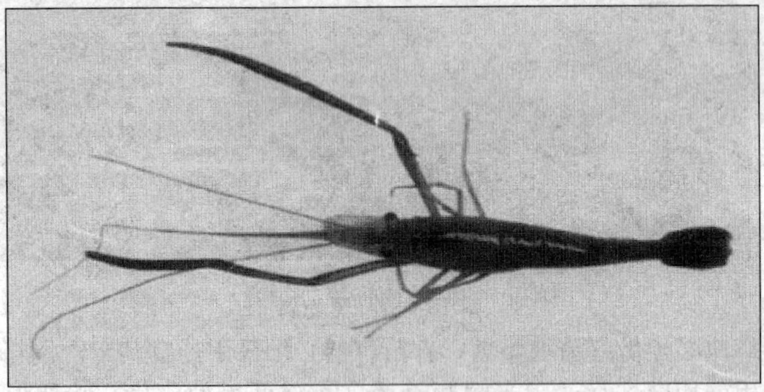

图 19 红体病虾

【防治方法】 该病主要应以预防为主。一旦发生，往往呈急性型，尽量采用药物防治，但仍有不少患病青虾死亡。预防方法主要是操作要细致、轻快，带水作业，不能使青虾堆压，尽量保证虾体完整，防止青虾附肢受伤。如发现青虾患红体病，可采用以下治疗方法：①聚维酮碘，每立方米水体用 0.1～0.3 毫升，全池泼洒，每天 1 次，连用 2 天。②用溴氯海因粉（24%），每立方米水体 0.13～0.15 克，全池泼洒，每天 1 次，连用 2 天。同时，内服 10%氟苯尼考粉，每千克饲料加入 1 克，拌饲料投喂，每天 2 次，连用 3～5 天；或用诺氟沙星，每千克饲料加入 0.5 克，拌饲料投喂，连用 7～10 天。

用药注意事项：聚维酮碘勿与金属物品接触，勿与季铵盐类消毒剂直接混合使用。

89. 青虾丝状细菌病如何防治？

【症状】 青虾丝状细菌病的病原为毛霉亮发菌或硫丝菌，丝状细菌中的发状白丝菌是主要的病原。病虾鳃部多为黑色或棕褐色，头胸部附肢和游泳足色泽暗淡（图 20），似有棉絮状附着物。严重者鳃变黄色、褐色甚至绿色，附着丝状体。此病妨碍虾的呼吸，在水中氧气较低时，此病会发生死亡，严重时直接影响青虾蜕壳。

图 20　黑壳病虾

【防治方法】①预防：养成中、后期勿过量投饵，保持池水清新；②治疗：用浓度 2.5～5 克/米^3 的高锰酸钾，全池泼洒 4 小时后换水，或碘伏 0.1～0.2 克/米^3。

90. 青虾黑壳病如何防治？

【症状】发病初期，虾体表面甲壳病灶呈较小的灰斑或褐斑，以后逐渐扩展，形成褐色的腐蚀区，溃疡的边缘较浅，呈现白色，溃疡的中央凹陷，严重时可侵蚀到几丁质以下组织，可致附肢腐烂缺损。患病青虾鳃、腹、附肢等部位均可见病斑。头胸甲鳃区和腹部前三节的背面发生的较多，触肢、剑突及尾扇部位的甲壳在外伤或折断时，也常出现黑褐色溃疡。黑褐色是由黑色素沉积而成，在虾的甲壳受损后，黑色素就可沉积在伤口上，抑制细菌的侵入和生长。因此，黑色素的沉积，具有防御病菌的功能。发病青虾活力极差，摄食下降或停食，常浮于水面或匍匐于水边草丛，直至死亡。

【防治方法】

（1）预防 ①保持水质清爽，定期注、换水，定期泼洒生石灰水或水质改良剂（如光合细菌，EM 菌等）；②操作细致，捕捞、运输、放苗带水操作，防止青虾甲壳受损，并注意合理放养密度，合理投饲。

（2）治疗 聚维酮碘，每立方米水体用 0.1～0.3 毫升，全池泼洒，每天 1 次，连用 2 天；或用溴氯海因粉（24%），每立方米水体 0.13～0.15 克，全池泼洒，每天 1 次，连用 2 天；同时，内服 10%氟苯尼考粉，每千克饲料加入 1 克，拌饲料投喂，每天 2 次，连用 3～5 天或诺氟沙星，每千克饲料加入 0.5 克，拌饲料投喂，连用 7～10 天。

用药注意事项：聚维酮碘勿与金属物品接触，勿与季铵盐类消毒剂直接混合使用。

91. 青虾固着类纤毛虫病如何防治?

【症状】病虾体表和附肢的甲壳，以及成虾的鳃上、鳃丝和头胸甲的附肢上，有一层肉眼可见的灰白色或灰黑色绒毛状物附生（图 21），同时有大量的其他污物，严重时使虾体负荷增大，影响青虾呼吸、活动及蜕壳生长。寄生处往往被细菌继发性感染，寄生在鳃部时，会使鳃变土黄色或黄褐色甚至黑色，鳃组织变性或坏死，引起细菌继发性感染，严重时窒息死亡，尤其在缺氧时更为严重。底质腐殖质多且老化的池塘易发该病。体表、鳃和附肢等表面，附着有白色或淡黄色的绒毛状物。

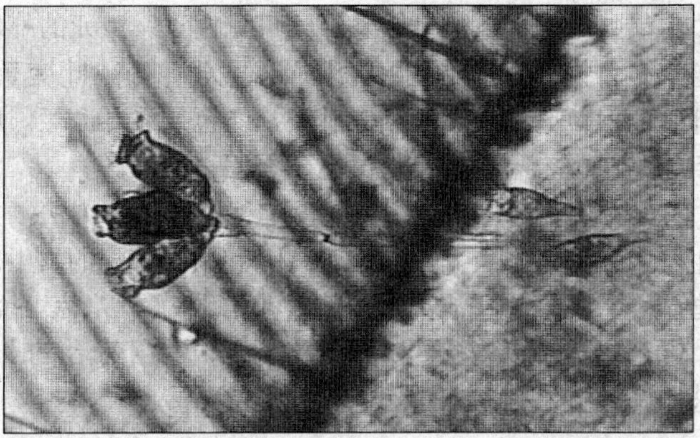

图 21　纤毛虫病

【防治方法】①预防：彻底清塘，勤换水，投饲量适当，合理密养和混养，保持水质优良。平时，可用生石灰化浆全池泼洒，每立方米水体用生石灰 15～20 克，15 天 1 次；或用硫酸锌粉，每立方米水体 0.2～0.3 克，全池泼洒，15～20 天 1 次。②治疗：用无水硫酸锌，每立方米水体 0.3～0.5 克，全池泼洒 1 次；严重时，每立方米水体用 1～2 克，隔 3 天再用 1 次，用药后适量换水。或用聚维酮碘全池泼洒，幼虾 0.3～0.5 毫克/升，成虾 1～2 毫克/升。

用药注意事项：休药期：硫酸锌≥7 天；硫酸锌勿用金属容器盛装，使用后注意池塘增氧。

92. 青虾白斑病如何防治?

【症状】白斑病属于病毒性疾病，病虾停止吃食，消化道特别是胃不饱满，反应迟钝，壳软，离群，游泳无力，时而慢游于水面或伏于池边水底；虾体颜色变暗变红，附着物增多，断须，有黄鳃、肿鳃现象，甲壳内侧有直径 0.5～2.0 毫米的圆点白斑

（有些白斑不规则），尤以头胸处更为显著，但也有的病虾白斑不明显，将病虾甲壳剥离后，对着光线可见白点。濒死的虾体色微红或暗褐色，对外界刺激极为迟钝，鳃水肿，鳃叶变黄、红、黑；肝脏的白色区扩大，肝胰腺肿大，颜色变淡，糜烂。甲壳变软，甲壳与肌肉容易剥离，血淋巴不凝固，混浊。

【防治方法】白斑病毒病目前没有很好的治疗方法，只有以防为主，主要通过健康养殖技术，减少和预防该病的发生。加强预防措施：①加强养虾池消毒，放养前用 1～1.5 毫克/升漂白粉清池；②严格苗种检疫；③新虾严格消毒；④用药治疗时，结合外用药全池泼洒和内服药拌饵料投喂。

93. 如何预防和消除青虾池塘中青苔？

青苔随着春季水温上升，喜在池塘浅水处开始萌发，长成一缕缕绿色，漂浮水面，形成一团团乱丝，虾苗及幼虾往往游进青苔中被缠住而死亡。预防和消除青虾池塘中青苔的主要方法有：

（1）彻底清塘后，立即培肥水质，不让青苔出现，前期水深 50 厘米，后期水深可逐渐加到 1.2 米，透明度 30～35 厘米。万一出现青苔要及早采取措施，可局部用药物杀灭，人工捞往往越捞越多。

（2）用硫酸铜或清苔净杀青苔：一般每立方米水体用硫酸铜 0.7 克，用药 20 小时后要适当换水；清苔净用土拌匀后干撒，比用水泼效果好。待杀死的青苔捞除后，及时施经发酵好的有机肥，用量一般为 100～150 千克/亩，以后视水质变化再适当施追肥，保持水体始终有一定的肥度，防止青苔死灰复燃。

（3）尿素对青苔也有杀灭作用，可以直接干撒在青苔上，3～5 天后再撒 1 次。

（4）抛撒草木灰，用量为20～30千克/亩。

（5）施马尾松叶浆：每亩水面用新鲜马尾松叶10千克，浸泡磨碎，加水调成25千克浆汁，全池泼洒，每天1次，连续用2～3天。

附　录

附录 1　无公害食品　淡水虾（NY 5158—2005）

1　范围

本标准规定了无公害食品淡水虾类的要求、试验方法、检验规则、标志、包装、运输、贮存。

本标准适用于罗氏沼虾（*Macrobrachium rosenbergii*）、日本沼虾（*Macrobrachium nipponensis*）、南美白对虾（*Penaeus vannammi*）、克氏螯虾（*Procambarus clarkii*）的活、鲜品，其他淡水虾类可参照执行。

2　规范性引用文件

下列文件中的条款通过本标准的引用而成为本标准的条款。凡是注日期的引用文件，其随后所有的修改单（不包括勘误的内容）或修订版均不适用于本标准，然而，鼓励根据本标准达成协议的各方研究是否可使用这些文件的最新版本。凡是不注日期的引用文件，其最新版本适用于本标准。

GB/T 5009.11　食品中总砷及无机砷的测定

GB/T 5009.12　食品中铅的测定

GB/T 5009.15　食品中镉的测定

GB/T 5009.17　食品中总汞及无机汞的测定

NY 5051　无公害食品　淡水养殖用水水质

SC/T 3015　水产品中土霉素、四环素、金霉素残留量的测定

SC/T 3016—2004　水产品抽样方法

3　要求

3.1　感官要求

3.1.1　活虾

活虾具有本身正常的体色和光泽，体态匀称，体形正常，活动敏捷，无病态。

3.1.2　鲜虾

鲜虾应符合表1的要求。

表1　感官要求

项　目	要　求
形　态	虾体完整，联结膜不应多于一处破裂
	虾体外观鲜亮，甲壳具光泽
	虾头不得有黑斑或黑圈
气　味	气味正常，无异味
肌肉组织	肉质紧密有弹性
水煮实验	水煮后，具有虾固有的鲜味，口感肌肉组织紧密有弹性
注：当形态、气味、肌肉组织不能判定产品质量时，进行水煮实验。	

3.2　安全指标

安全指标应符合表2的要求。

表2　安全指标

项　目	指　标
汞（以Hg计），mg/kg	≤0.5
砷（以As计），mg/kg	≤0.5

（续）

项　　目	指　　标
铅（以 Pb 计），mg/kg	≤0.5
镉（以 Cd 计），mg/kg	≤0.5
土霉素，mg/kg	≤100
注：其他农药、兽药按国家有关规定执行	

4　试验方法

4.1　感官试验

4.1.1　在光线充足、无异味的环境中，将试样置于白色搪瓷盘或不锈钢工作台上，按 3.1 条要求逐项检验。

4.1.2　水煮试验：在不产生任何气味的容器中加入 500mL 饮用水，将水烧开后，取约 100g 样品用清水洗净，放入容器中，加盖，煮 5min，开盖，嗅气味，再品尝肉质。

4.2　总汞的测定

按 GB/T 5009.17 的规定执行。

4.3　总砷的测定

按 GB/T 5009.11 的规定执行。

4.4　铅的测定

按 GB/T 5009.12 的规定执行。

4.5　镉的测定

按 GB/T 5009.15 的规定执行。

4.6　土霉素的测定

按 SC/T 3015 的规定执行。

5　检验规则

5.1　组批规则与抽样方法

5.1.1　组批规则

活虾以同一虾池或同一养殖场中条件相同的产品一检验批；鲜虾以来源及大小相同的产品为一个检验批。

5.1.2 抽样方法

按 SC/T 3016 的规定执行。

5.1.3 试样制备

按 SC/T 3016 中附录 C 的规定执行。

5.2 检验分类

产品分为出厂（场）检验和型式检验。

5.2.1 出厂检验

每批产品应进行出厂（场）检验，出厂（场）检验由生产者执行，检验项目为感官指标。

5.2.2 型式检验

有下列情况之一时应进行型式检验，检验项目为本标准规定的全部项目。

a）新建养殖场的养殖虾；

b）养殖条件发生变化，可能影响产品质量时；

c）有关行政主管部门提出进行型式检验要求时；

d）出场检验与上次型式检验有较大差异时；

e）正常生产时，每年至少一次的周期性检验。

5.3 判定规则

5.3.1 活虾、鲜虾的感官检验所检项目应全部符合 3.1 条规定；结果的判定按 SC/T 3016 表 1 的规定执行。

5.3.2 安全指标的检验结果中有一项及以上指标不合格，则判本批产品不合格，不得复检。

6 标志、包装、运输、贮存

6.1 标志

产品应注明名称、产地、生产单位名称与地址、出产日期。

6.2 包装

6.2.1　包装材料

包装材料应坚固、洁净、无毒、无异味。

6.2.2　包装要求

6.2.2.1　活虾

活虾包装中应保证其所需氧气充足，水质应符合 NY 5051 的要求。

6.2.2.2　鲜虾

鲜虾应装于洁净的鱼箱或保温箱中，保持虾体温度在 0℃～4℃之间；避免外力损伤虾体。

6.3　运输

6.3.1　活虾运输中应保证所需氧气充足。

6.3.2　鲜虾宜用冷藏或保温车船运输，保持虾体温度在 0℃～4℃之间。

6.3.3　运输工具应洁净、无毒、无异味，严防运输污染。

6.4　贮存

6.4.1　活虾贮存中应保证所需氧气充足。暂养用水应符合 NY 5051 的规定。

6.4.2　鲜虾贮存时宜保持虾体温度在 0℃～4℃之间。

6.4.3　贮存环境应洁净、无毒、无异味、无污染，符合卫生要求。

附录 2　无公害食品　青虾养殖技术规范 (NY/T 5285—2004)

1　范围

本标准规定了青虾（学名：日本沼虾 *Macrobrachium nipponensis*）无公害养殖的环境条件、苗种繁殖、苗种培育、食用虾饲养和虾病防治技术。

本标准适用于无公害青虾池塘养殖，稻田养殖可参照执行。

2　规范性引用文件

下列文件中的条款通过本标准的引用而成为本标准的条款。凡是注日期的引用文件，其随后所有的修改单（不包括勘误的内容）或修订版均不适用于本标准，然而，鼓励根据本标准达成协议的各方研究是否可使用这些文件的最新版本。凡是不注日期的引用文件，其最新版本适用于本标准。

GB 13078　饲料卫生标准

GB 18407.4—2001　农产品安全质量　无公害水产品产地环境

NY 5051　无公害食品　淡水养殖用水水质

NY 5071　无公害食品　渔用药物使用准则

NY 5072　无公害食品　渔用配合饲料安全限量

SC/T 1008　池塘常规培育鱼苗鱼种技术规范

《水产养殖质量安全管理规定》中华人民共和国农业部令（2003）第［31］号

3　环境条件

3.1　场址选择

水源充足，排灌方便，进排水分开，养殖场周围 3km 内无任何污染源。

3.2 水源、水质

水质清新，应符合 NY 5051 的规定，其中溶解氧应在 5mg/L 以上，pH7.0～8.5。

3.3 虾池条件

虾池为长方形，东西向，土质为壤土或黏土，主要条件见表 1；并有完整相互独立的进水和排水系统。

表 1 虾池条件

池塘类别	面积 m^2	水深 m	池埂内坡比	水草种植面积 m^2
青虾培育池	1 000～3 000	约 1.5	1∶3～4	1/5～1/3
苗种培育池	1 000～3 000	1.0～1.5		
食用虾培育池	2 000～6 700	约 1.5	1∶3～4	1/5～1/3

3.4 虾池底质

虾池池底平坦，淤泥小于 15cm，底质符合 GB 18407.4—2001 中 3.3 的规定。

4 苗种繁殖

4.1 亲虾来源

选择从江河、湖泊、沟渠等水质良好水域捕捞的野生青虾作为亲虾，要求无病无伤、体格健壮、规格在 4cm 以上、已达性成熟；或在繁殖季节直接选购规格大于 5cm 的青虾抱卵虾作为亲虾；亲虾在繁殖前应经检疫。

4.2 放养密度

每 1 000m^2 放养亲虾 45kg～60kg，雌、雄比为 3～4∶1。

4.3 饲料及投喂

亲虾饲料投喂以配合饲料为主，投喂量为亲虾体重的2%～5%，饲料安全限量应符合NY 5072的规定，并适当加喂优质无毒、无害、无污染的鲜活动物性饲料，投喂量为亲虾体重的5%～10%。

4.4 亲虾产卵

当水温上升至18℃以上时，亲虾开始交配产卵，抱卵虾用地笼捕出后在苗种培育池进行培育孵化，也可选购野生抱卵虾移入苗种培育池培育孵化。

4.5 抱卵虾孵化

抱卵虾放养量为每1 000m^2 放养12kg～15kg，根据虾卵的颜色，选择胚胎发育期相近的抱卵虾放入同一池中孵化；虾孵化过程中，需每天冲水保持水质清新，一般青虾卵孵化需要20d～25d。当虾卵成透明状、胚胎出现眼点时，每1 000m^2 施腐熟的无污染有机肥150kg～450kg。当抱卵虾孵出幼体80%以上时，用地笼捕出亲虾。

5 苗种培育

5.1 幼体密度

池塘培育幼体的放养密度应控制在2 000尾/m^2 以下。

5.2 饲料投喂

5.2.1 第一阶段

当孵化池发现有幼体出现，需及时投喂豆浆，投喂量为每1 000m^2 每天投喂豆浆2.5kg，以后逐步增加到每天6.0kg。投喂方法：每天8：00～9：00、16：00～17：00各投喂1次。

5.2.2 第二阶段

幼体孵出3周后，逐步减少豆浆的投喂量，增加青虾苗种配合饲料的投喂，配合饲料的安全限量应符合NY 5072的规定，配合饲料投喂1周后，每天投喂量为30kg/hm^2～45kg/hm^2，投喂时间每天17：00～18：00。

5.3 施肥

幼体孵出后，视水中浮游生物量和幼体摄食情况，约15d应及时施腐熟的有机肥。每次施肥量为每1 000m² 施75kg～150kg。

5.4 疏苗

当幼虾生长到0.8cm～1.0cm时，根据培育池密度要及时稀疏，幼虾培育密度控制在1 000尾/m² 以下。

5.5 水质要求

培育池水质要求：透明度约30cm，pH7.5～8.5，溶解氧≥5mg/L。

5.6 虾苗捕捞

经过20d～30d培育，幼虾体长大于1.0cm时，可进行虾苗捕捞，进入食用青虾养殖阶段。虾苗捕捞可用密网进行拉网捕捞、抄网捕捞或放水集苗捕捞。

6 食用虾饲养

6.1 池塘条件

6.1.1 进水要求

进水口用网孔尺寸0.177mm～0.250mm筛绢制成过滤网袋过滤。

6.1.2 配套设施

主养青虾的池塘应配备水泵、增氧机等机械设备，每公顷水面要配置4.5kW以上的动力增氧设备。

6.2 放养前准备

6.2.1 清塘消毒

按SC/T 1008的规定执行。

6.2.2 水草种植

水草种植面积按本标准4.2执行；水草种植品种可选择苦草、轮叶黑藻、马来眼子菜和伊乐藻等沉水植物，也可用水花生或水蕹菜（空心菜）等水生植物。

6.2.3 注水施肥

虾苗放养前5d～7d，池塘注水50cm～60cm；同时施经腐熟的有机肥2 250kg/hm^2～4 500kg/hm^2，以培育浮游生物。

6.3 虾苗放养

6.3.1 放养方法

选择晴好的天气放养，放养前先取池水试养虾苗，在证实池水对虾苗无不利影响时，才开始正式放养虾苗；虾苗放养时温差应小于±2℃。虾苗捕捞、运输及放养要带水操作。

6.3.2 养殖模式与放养密度

6.3.2.1 单季主养

虾苗采取一次放足、全年捕大留小的养殖模式。放养密度：1月～3月放养越冬虾苗（2 000尾/kg左右）60万尾/hm^2～75万尾/hm^2；或7月～8月放养全长为1.5cm～2cm虾苗90万尾/hm^2～120万尾/hm^2。虾苗放养15d后，池中混养规格为体长15cm的鲢、鳙鱼种1 500尾/hm^2～3 000尾/hm^2或夏花鲢、鳙鱼种22 500尾/hm^2。食用虾捕捞工具主要采用地笼捕捞。

6.3.2.2 多季主养

长江流域为双季养殖，珠江流域可三季养殖。

放养密度：青虾越冬苗规格2 000尾/kg，放养量为45万尾/hm^2～60万尾/hm^2，规格为1.5cm～2cm虾苗，放养量为60万尾/hm^2～80万尾/hm^2。放养时间：一般为7月～8月和12月至翌年3月。虾苗放养15d后，池中混养规格为15cm的鲢、鳙鱼种1 500尾/hm^2～3 000尾/hm^2或夏花鲢、鳙鱼种22 500尾/hm^2。

6.3.2.3 鱼虾混养

单位产量7 500kg/hm^2的无肉食性鱼类的食用鱼类养殖池塘或鱼种养殖池塘中混养青虾，一般虾苗放养量为15万尾/

hm^2～30 万尾/hm^2。鱼种养殖池可以适当增加青虾苗的放养量，放养时间一般在冬、春季进行。

6.3.2.4 虾鱼蟹混养

放养模式与放养量见表 2。

表 2 虾鱼蟹混养放养表

品 种	规 格	放养量	放养时间
青 虾	全长 2cm～3cm	45 万尾/hm^2	1 月～3 月
河 蟹	100 只/kg～200 只/kg	4 500 只/hm^2	1 月～3 月
鳜	体长 5cm～10cm	225 尾/hm^2～300 尾/hm^2	7 月
鳙	0.5kg/尾～0.75kg/尾	150 尾/hm^2～225 尾/hm^2	1 月～3 月

6.4 饲养管理

6.4.1 饲料投喂

饲料投喂应遵循“四定”投饲原则，做到定质、定量、定位、定时。

6.4.1.1 饲料要求

提倡使用青虾配合饲料，配合饲料应无发霉变质、无污染，其安全限量要求符合 NY 5072 的规定；单一饲料应适口、无发霉变质、无污染，其卫生指标符合 GB 13078 的规定；鲜活饲料应新鲜、适口、无腐败变质、无毒、无污染。

6.4.1.2 投喂方法

日投 2 次，每天 8：00～9：00、18：00～19：00 各 1 次，上午投喂量为日投喂总量的 1/3，余下 2/3 傍晚投喂；饲料投喂在离池边 1.5m 的水下，可多点式，也可一线式。

6.4.1.3 投饲量

青虾饲养期间各月配合饲料日投饲量参见表 3，实际投饲量应结合天气、水质、水温、摄食及蜕壳情况等灵活掌握，适当增减投喂量。

表 3　青虾饲养期间各月配合饲料日投饲率

月 份	3	4	5	6	7	8	9	10	11	12
日投饲率%	1.5～2	2～3	3～4	4～5	5	5	5	5～4	4～3	2

6.4.2　水质管理

6.4.2.1　养殖池水

养殖前期（3 月～5 月）透明度控制在 25cm～30cm，中期（6 月～7 月）透明度控制在 30cm，后期（8 月～10 月）透明度控制在 30cm～35cm。溶解氧保持在 4mg/L 以上。pH 7.0～8.5。

6.4.2.2　施肥调水

根据养殖水质透明度变化，适时施肥，一般在养殖前期每 10d～15d 施腐熟的有机肥 1 次，中后期每 15d～20d 施腐熟的有机肥 1 次，每次施肥量为 750kg/hm^2～1 500kg/hm^2。

6.4.2.3　注换新水

养殖前期不换水，每 7d～10d 注新水 1 次，每次 10cm～20cm；中期每 15d～20d 注换水 1 次；后期每周 1 次，每次换水量为 15cm～20cm。

6.4.2.4　生石灰使用

青虾饲养期间，每 15d～20d 使用 1 次生石灰，每次用量为 150kg/hm^2，化成浆液后全池均匀泼洒。

6.4.3　日常管理

6.4.3.1　巡塘

每天早、晚各巡塘 1 次，观察水色变化、虾活动和摄食情况；检查塘基有无渗漏，防逃设施是否完好。

6.4.3.2　增氧

生长期间，一般每天凌晨和中午各开增氧机 1 次，每次 1.0h～2.0h；雨天或气压低时，延长开机时间。

6.4.3.3　生长与病害检查

每7d～10d抽样1次，抽样数量大于50尾，检查虾的生长、摄食情况，检查有无病害，以此作为调整投饲量和药物使用的依据。

6.4.3.4 记录

按中华人民共和国农业部令（2003）第［31］号《水产养殖质量安全管理规定》要求的格式做好养殖生产记录。

7 病害防治

7.1 虾病防治原则

无公害青虾养殖生产过程中对病害的防治，坚持以防为主、综合防治的原则。使用防治药物应符合NY 5071的要求，具备兽药登记证、生产批准证和执行批准号。并按中华人民共和国农业部令（2003）第［31］号《水产养殖质量安全管理规定》要求的格式做好用药记录。

7.2 常见虾病防治

青虾养殖中常见疾病主要为红体病、黑鳃病、黑斑病、寄生性原虫病等，具体防治方法见表4。

表4 青虾常见病害治疗方法

虾病名称	症 状	治疗方法	休药期	注意事项
红体病	病初期青虾尾部变红，继而扩展至泳足和整个腹部，最后头胸部步足均变为红色。病虾行动呆滞，食欲下降或停食，严重时可引起大批死亡	1. 用二氧化氯全池泼洒，用量：0.1 mg/L～0.2 mg/L，严重时0.3mg/L～0.6mg/L 2. 用磺胺甲恶唑100mg/kg体重或氟苯尼考10mg/kg体重拌饵投喂，连用5d～7d，第1d药量加倍。预防减半，连用3d～5d 3. 用聚维酮碘全池泼洒（幼虾：0.2mg/L～0.5mg/L，成虾：1mg/L～2mg/L）	二氧化氯≥10d 磺胺甲恶唑≥30d 氟苯尼考≥7d	1. 二氧化氯勿用金属容器盛装。勿与其他消毒剂混用 2. 磺胺甲恶唑不能与酸性药物同用 3. 聚维酮碘勿与金属物品接触。勿与季铵盐类消毒剂直接混合使用

（续）

虾病名称	症 状	治疗方法	休药期	注意事项
黑鳃病	病虾鳃丝发黑，局部霉烂，部分病虾伴有头胸甲和腹甲侧面黑斑。患病幼虾活力减弱，在底层缓慢游动，趋光性变弱，变态期延长或不能变态，腹部蜷曲，体色发白，不摄食。成虾患病时，常浮于水面，行动迟缓	1. 由细菌引起的黑鳃病：用土霉素 80mg/kg 体重或氟苯尼考 10mg/kg 体重拌饵投喂，连用 5d～7d，第 1d 药量加倍。预防减半，连用 3d～5d 2. 由水中悬浮有机质过多引起的黑鳃病：定期用生石灰 15mg/L～20mg/L 全池泼洒	漂白粉≥5d 土霉素≥21d 氟苯尼考≥7d	1. 土霉素勿与铝、镁离子及卤素、碳酸氢钠、凝胶合用 2. 生石灰不能与漂白粉、有机氯、重金属盐、有机络合物混用
黑斑病	病虾的甲壳上出现黑色溃疡斑点，严重时活力大减，或卧于池边处于濒死状态	保持水质清爽，捕捞、运输、放苗带水操作，防止亲虾甲壳受损；发病后用聚维酮碘全池泼洒（幼虾：0.2mg/L～0.5mg/L，成虾：1mg/L～2mg/L）		聚维酮碘勿与金属物品接触。勿与季铵盐类消毒剂直接混合使用
寄生性原虫病	镜检可见累枝虫、聚缩虫、钟形虫、壳吸管虫等寄生于虾体表及鳃上，严重时，肉眼可看到一层绒毛物	1. 用 1mg/L～3mg/L 硫酸锌全池泼洒 2. 用 1mg/L 高锰酸钾全池泼洒	硫酸锌≥7d	1. 硫酸锌勿用金属容器盛装。使用后注意池塘增氧 2. 高锰酸钾不宜在强烈的阳光下使用

参考文献

储张杰，李红敬，郭灿灿，等 .2007. 日本沼虾领域行为生态的初步研究［J］. 湖北农业科学（4）：608－609.

方天治，陆炳中 .2009. 提高青虾养殖效益的措施［J］. 科学养鱼（6）：34－36.

戈贤平 .2006. 无公害淡水虾标准化生产［M］. 北京：中国农业出版社.

胡本龙 .2009. 蟹塘混养青虾技术［J］. 水产养殖（12）：23－24.

江苏省海洋与渔业局 .2006. 江苏渔业高效生态养殖模式［M］. 南京：江苏科学技术出版社.

江苏省海洋与渔业局 .2010. 江苏渔业十大主推［M］. 北京：海洋出版社.

江苏省水产局科教处 .1999. 淡水珍品养殖技术——鳖、乌龟、鳜鱼、河蟹、青虾与罗氏沼虾［M］. 北京：中国农业出版社.

屈忠湘 .1999. 青虾的生物学观察［J］. 淡水渔业（1）：3－6.

屈忠湘，杨永林，吴庆渠 . 1991. 青虾胚胎发育观察［J］. 淡水渔业（2）：24－27.

宋长太 .2008. 青虾养殖应掌握的关键技术措施［J］. 渔业致富指南（8）：53－54.

宋长太 . 2008. 淡水珍品健康养殖技术［M］. 北京：中国农业科学技术出版社.

王嘉俊，耿中华，孟梅红 .2008. 青虾微孔管道增氧双季养殖技术［J］. 水产养殖（5）：23－24.

许晓明，张凤翔，陈如国 .2006. 稻田青虾生态高效养殖技术［J］. 科学养鱼（11）：46－47.

薛晖 .2009. 几种常见罗氏沼虾、青虾病害的病因及防治方法［J］. 水产养殖（6）：41－42.

杨万喜，赖伟，堵南山．1997. 日本沼虾行为研究［J］．动物学杂志（3）：51-54.

杨志恒．2003. 淡水虾标准化生产技术［M］．北京：中国农业大学出版社．

张根玉，史建华，等．2002. 科学养虾 160 问［M］．北京：中国农业出版社．

赵继民．2009. 提高池塘养殖青虾效益的对策与建议［J］．渔业致富指南（5）：38-39.

赵明森，赵军．2000. 青虾养殖新法［M］．南京：江苏科学技术出版社．

图书在版编目（CIP）数据

青虾健康养殖百问百答/龚培培，宋长太主编．—北京：中国农业出版社，2011.1（2016.1重印）
ISBN 978-7-109-15315-8

Ⅰ.①青… Ⅱ.①龚…②宋… Ⅲ.①青虾—淡水养殖—问答 Ⅳ.①S966.12-44

中国版本图书馆CIP数据核字（2010）第255946号

中国农业出版社出版
（北京市朝阳区农展馆北路2号）
（邮政编码100125）
责任编辑 林珠英 黄向阳

北京中兴印刷有限公司印刷 新华书店北京发行所发行
2011年2月第1版 2016年1月北京第4次印刷

开本：850mm×1168mm 1/32 印张：4.125
字数：97千字 印数：13 001～15 000册
定价：10.00元